Work-Life-Balance

Work-Life-Balance

von

Annelen Collatz und Karin Gudat

HOGREFE · GÖTTINGEN · BERN · WIEN · PARIS · OXFORD · PRAG · TORONTO
CAMBRIDGE, MA · AMSTERDAM · KOPENHAGEN · STOCKHOLM

Dr. Annelen Collatz, geb. 1970. Ausbildung zur staatlich geprüften Gymnastiklehrerin. 1994-2000 Studium der Psychologie (Dipl.-Psych.) und Arbeitswissenschaften in Bochum. Seit 1996 Mitarbeit im Projektteam Testentwicklung. 1999-2001 Mitarbeitern im Bereich Human Resources bei SodaStream Deutschland GmbH. Seit 2000 auch freiberuflich als Coach, Eignungsdiagnostikerin und Trainerin tätig und seit 2001 wissenschaftliche Mitarbeiterin an der Fakultät für Psychologie der Ruhr-Universität Bochum. 2006 Promotion zum Dr. phil. zum Thema adäquate Erfassung der Persönlichkeit im Topmanagement. Tätigkeitsschwerpunkte: Eignungsdiagnostische Fragestellungen im Wirtschaftskontext, Coaching, Personalauswahlverfahren und -beurteilungen, Work-Life-Balance und Persönlichkeitsentwicklung.

Dr. Karin Gudat, geb. 1978. 1997-2002 Studium der Psychologie (Dipl.-Psych.), des Qualitätsmanagements und der Arbeitswissenschaften in Bochum. 2000-2002 Mitarbeit im Projektteam Testentwicklung. 2002 Mitarbeiterin am Institut für Arbeitswissenschaft der Ruhr-Universität Bochum. Seit 2003 wissenschaftliche Mitarbeiterin der Fakultät für Psychologie der Ruhr-Universität Bochum. Zudem seit 2005 freiberuflich als Trainerin und Beraterin im Bereich Personalauswahl und Personalentwicklung tätig. 2008 Promotion (Dr. phil.) zum Thema Einfluss von Persönlichkeitseigenschaften auf die Ergebnisse von Mitarbeiterbefragungen. Tätigkeitsschwerpunkte: Eignungsdiagnostische Fragestellungen im Wirtschaftskontext, Coaching, Personalauswahl und -entwicklung, Work-Life-Balance, Erfassung der Mitarbeiterzufriedenheit, Durchführung von Mitarbeiterbefragungen.

Bibliografische Information der Deutschen Bibliothek

Die Deutsche Bibliothek verzeichnet diese Publikation in der Deutschen Nationalbibliografie; detaillierte bibliografische Daten sind im Internet über http://dnb.ddb.de abrufbar.

© 2011 Hogrefe Verlag GmbH & Co. KG
Göttingen · Bern · Wien · Paris · Oxford · Prag · Toronto
Cambridge, MA · Amsterdam · Kopenhagen · Stockholm
Rohnsweg 25, 37085 Göttingen

http://www.hogrefe.de
Aktuelle Informationen · Weitere Titel zum Thema · Ergänzende Materialien

Umschlagabbildung: © Dmytro Konstantynov - Fotolia.com
Satz: Arthür, Weimar
Druck: AZ Druck und Datentechnik GmbH, Kempten
Printed in Germany
Auf säurefreiem Papier gedruckt

ISBN 978-3-8017-2326-2

Inhaltsverzeichnis

1   Work-Life-Balance

1.1   Begriffsbestimmung

Beruf (Work) und Privatleben (Life) – das sind für die meisten Menschen zentrale Kategorien, in die sie ihr Leben unterteilen. Während sich in der Vergangenheit diese Bereiche zeitlich und räumlich relativ klar voneinander abgrenzen ließen und traditionelle Rollenbilder suggerieren, dass der Fokus des Mannes vor allem auf dem Berufsleben, der Fokus der Frau vor allem auf der Familie liegt, hat sich dieses Bild in den letzten Jahrzehnten gewandelt. Der demografische Wandel, der steigende Anteil berufstätiger Frauen, die technische Durchdringung in allen Lebensbereichen und sich verändernde Arbeitsbedingungen führen dazu, dass die Anforderungen im Berufsleben und Privaten starken Veränderungen unterliegen, die zu managen immer anspruchsvoller wird. Studien verdeutlichen, dass mittlerweile in Paarhaushalten etwa 30,4 Prozent der Frauen in West- und 52,5 Prozent der Frauen in Ostdeutschland einen vergleichbaren oder höheren Anteil zum Familieneinkommen beitragen als ihre Männer (Hans-Böckler-Stiftung, 2010). Diese Entwicklung leitet sich u. a. daraus ab, dass Frauen heute mehr in ihre Berufsausbildung und Qualifikation investieren und beruflich aktiv bleiben wollen. Für die meisten stellt sich kaum noch die Frage, für welchen der Bereiche sie sich entscheiden, sondern vielmehr, wie man die unterschiedlichen Anforderungen ausbalanciert. Dadurch wird das klassische Phasen-Modell aus Berufstätigkeit, Familienphase und ggf. Wiedereinstieg obsolet und muss durch ein Modell der simultanen Vereinbarkeit von Familie und Beruf abgelöst werden (ifb, 2001). Als Folge dieser Entwicklung wird das klassische Bild des Mannes als Alleinverdiener durch das Konzept der *Dual Career Couples* ergänzt und das traditionelle Verständnis verliert an Bedeutung. Diese Entwicklung wirft jedoch Fragen bezüglich der Zeit- und Rollenverteilung im Beruf sowie im Privatleben auf. Erst recht, wenn mit einbezogen wird, dass Mehrpersonenhaushalte in Deutschland zu 51,5 Prozent aus Paaren mit Kindern bestehen (Hans-Böckler-Stiftung, 2010).

Gesellschaftliche Veränderungen

Dass es bezüglich der Vereinbarkeit von Beruf und Privatleben noch Optimierungspotenziale gibt, zeigt die Cornell Couples and Careers Study (Clarkberg & Merola, 2003). Diese kommt zu dem Ergebnis, dass über alle Altersstufen hinweg mindestens 75 Prozent der Männer und Frauen angeben, mehr zu arbeiten, als sie gern arbeiten würden. Bei dem Versuch, diesen Zusammenhang näher aufzuschlüsseln wird deutlich, dass sich insbesondere hochqualifizierte Fachkräfte und Manager überarbeitet fühlen (Grzywacz, Amleida & McDonald, 2002; vgl. auch Major & Germano, 2006). Darüber hinaus lassen sich in dieser Gruppe auch die stärksten Auswirkungen (Spillover-Effekt) negativer Erfahrungen am Arbeitsplatz auf das Privatleben nachweisen. Eine Erklärungsmöglichkeit für das als zu hoch erlebte Arbeitszeitvolumen liegt in der Unternehmenskultur. So berichten bspw.

Zusammenspiel von Beruf und Privatleben

Nord, Fox, Phoenix und Viano (2002), dass in Unternehmen häufig der Grundsatz gelte, dass lange Arbeitszeiten per se etwas Positives seien. Für Berater, Banker, Wirtschaftsprüfer bzw. Manager ist es nahezu selbstverständlich geworden, dass sie der Arbeit die höchste Priorität zuweisen, was in der Konsequenz bedeutet, ständig erreichbar zu sein. Perlow und Porter (2010) stellten im Rahmen einer Umfrage bei 1.000 Wissensarbeitern fest, dass 94 Prozent der Befragten mindestens 50 Stunden pro Woche arbeiten, wobei knapp 50 Prozent die 65-Stunden-Grenze überschritten. Im Zuge des technologischen Fortschritts, insbesondere der zunehmenden Verbreitung von Smartphones, scheint eine klare Grenzziehung zwischen Beruf und Privatleben kaum noch möglich und von Seiten der Unternehmen häufig auch nicht gewollt zu sein. Dass dies zu interessanten Effekten führen kann, zeigt eine Studie des Providers RingCentral. Diese kommt zu dem Ergebnis, dass für 83 Prozent der Befragten der morgendliche Blick auf ihr Smartphone scheinbar eine zentrale Bedeutung hat. So erbaten sich etwa 40 Prozent der Befragten bei der Frage, ob ihr Smartphone oder ihre Ehefrau eine höhere Bedeutung hätten, Bedenkzeit (Pelkmann & Bradley, 2010). Auch in Bezug auf das Privatleben zeigt sich, dass die Zunahme außerberuflicher Tätigkeiten mit Verpflichtungscharakter zu dem Gefühl chronischen Zeitmangels beiträgt (Schobert, 2007).

Auswirkungen des technologischen Fortschritts

Bezieht man die steigende Lebenserwartung mit ein, so zeichnet sich ab, dass auch der wachsende Pflegeleistungsbedarf der Eltern-Generation zu einer weiteren Erhöhung des Drucks auf die Arbeitnehmer führen wird. In Abhängigkeit vom Lebensalter, dem Familienstatus, der Anzahl und dem Alter der im Haushalt lebenden Kinder sowie dem Umfang der Erwerbstätigkeit erhöht sich die Belastung. Da sich nachweisen lässt, dass andauernde psychische Belastungen negative Effekte auf die körperliche Gesundheit, insbesondere auf das Immun- sowie das Herz-Kreislaufsystem haben, ist diese Entwicklung kritisch. Gerade in wirtschaftlichen Krisenzeiten steigt mit der Sorge, möglicherweise den Arbeitsplatz zu verlieren, auch die Angst, in der Leistung nachzulassen oder krankheitsbedingt zu fehlen. Daher lässt sich erklären, warum in der Forschung neben dem Absentismus (den krankheitsbedingten Fehlzeiten) mittlerweile auch der Begriff des Präsentismus (der Anwesenheit trotz Krankheit) verstärkt Aufmerksamkeit erfährt. So entstand der paradoxe Zustand, dass der Krankenstand über Jahre sank und im Jahr 2006 mit 4,2 % einen historischen Tiefstand aufwies (Macco & Stallauke, 2010). Gleichzeitig lässt sich jedoch feststellen, dass die Anzahl an psychischen Erkrankungen kontinuierlich steigt, so dass diese mittlerweile als eine der zentralen Gesundheitsgefahren angesehen werden (Zeit online, 09.07.2010).

Präsentismus

Kosten des Präsentismus

Untersuchungen in den USA kommen zu dem Ergebnis, dass der Präsentismus jährliche Kosten zwischen 1.770 und 4.540 US-Dollar pro Mitarbeiter verursacht (Lerner, Amick, Lee, Rooney, Rogers, Chang & Berndt, 2003). In der Regel werden Primäraufgaben noch eine ganze Zeit relativ gut bewältigt, Leistungseinbrüche entstehen jedoch bei Aufgaben außerhalb der eigentlichen Kerntätigkeit (Dörner & Pfeiffer, 1992). Im Bestreben, diesem Trend entgegenzuwirken, wird u. a. zu leistungssteigernden Medikamenten gegriffen, die ursprünglich zur Behandlung von Depressionen, Aufmerksamkeits- oder Schlafstörungen entwickelt wurden (Szentpétery, 2008). Die Langzeitfolgen dieses Medikamentenmissbrauchs sind noch nicht abzusehen. Ausschlaggebend für das hohe Leistungsstreben sind oftmals Charakteristika der Arbeitssituation, vor allem das Gefühl mangelnder Kontrolle und Selbstbestimmung, eine mangelnde Passung zwischen beruflichen Anforderungen und der eigenen Qualifikation, das Führungsverhalten des/der Vorgesetzten, unzureichende Informationen über Veränderungen, Zeitdruck und die Sorge um den Verlust des Arbeitsplatzes (Schäfer, 2007). Work-Life-Balance Maßnahmen können diesen Effekt abmildern. Das zeigt sich darin, dass bspw. gezielte Programme, die Bedürfnisse der Mitarbeiter in verschiedenen Lebensphasen aufgreifen, dazu beitragen, die individuelle Zufriedenheit und damit auch langfristig die Leistungsfähigkeit zu erhöhen (vgl. Flüter-Hoffmann, 2010).

1.2   Definition von Work-Life-Balance

Obwohl das Thema Work-Life-Balance seit den 1990er Jahren in Deutschland diskutiert wird, ist es schwer, den Begriff eindeutig zu definieren. Es findet sich eine Vielzahl an Umschreibungen, wobei in der Wirtschaft Work-Life-Balance häufig mit der Vereinbarkeit von Beruf und Familie gleichgesetzt wird (Michalk & Nieder, 2007). In diesem Kontext beschäftigt sich Work-Life-Balance mit der Frage der Zeitverteilung zwischen Beruf und Privatleben, die Spannung ergibt sich daraus, dass das individuelle Kontingent an Zeit und Energie begrenzt ist. Ressourcen, die für einen Bereich eingesetzt werden, stehen für den anderen nicht mehr zur Verfügung (vgl. Jacobshagen, Amstad, Semmer & Kuster, 2005). In Abhängigkeit von den verschiedenen Rollen, die eine Person in ihrem Leben einnimmt (Mitarbeiter, Partner, Familienvater) und den Zielen, die sie im Rahmen dieser Rollen verfolgt, ergeben sich Konfliktpotenziale (z. B. permanente Erreichbarkeit für den Arbeitgeber vs. Zeit für die Familie; vgl. Schnelle, Brandstätter-Morawietz & Moser, 2009), die durch betriebliche Work-Life-Balance Maßnahmen reduziert werden sollen. In Bezug auf den beruflichen Bereich kommen Forschungsergebnisse zu dem Resultat, dass das Konfliktpotenzial zwischen den Bereichen Work und Life mit der Anzahl der Arbeitsstunden, der Stärke der Identifikation mit der Arbeit, der Höhe der Arbeitsanforderungen, dem Commitment, der intrinsischen Motivation und der Loyalität dem Arbeitgeber gegenüber steigt (vgl. Eby, Casper, Lockwood, Bordeaux & Brinley, 2005). Besonders in der Gruppe der motivierten, engagierten Mitarbeiter, die viel Zeit in ihre berufliche Tätigkeit investieren, besteht ein erhöhtes Konfliktrisiko zwischen den Bereichen Work und Life. Die Folgen

Work-Life-Balance als Frage der Zeit- und Ressourcenverteilung

Konfliktpotenziale zwischen den Bereichen Work und Life

der Konflikte lassen sich schon nach einer relativ kurzen Zeit nachweisen. So kamen Grandey und Cropanzano (1999) zu dem Ergebnis, dass das Ausmaß an Konflikten zwischen Beruf und Privatleben zum Zeitpunkt A mit den 5 Monate später berichteten Fluktuationsabsichten, Gesundheitsbeschwerden sowie einem erhöhten Stresslevel sowohl im beruflichen als auch familiären Bereich zusammenhängt.

Boundary- und Border-Theorie

Die Beziehung zwischen Beruf und Privatleben ist jedoch nicht unidirektional (Belastungen in der Arbeitssituation führen nicht generell zu negativen Auswirkungen im Privatleben und umgekehrt). Vielmehr zeigen Forschungsergebnisse aus den USA, dass es eine Reihe von Einflussfaktoren gibt, die Rollenkonflikte zwischen Beruf und Privatleben begünstigen oder verringern können. Im Vordergrund stehen hierbei der Wechsel zwischen Rollen, die im beruflichen und privaten Kontext eingenommen werden und die Anforderungen, die der Rollenwechsel mit sich bringt. Im amerikanischen Sprachraum wird daher auch weniger von Work-Life-Balance, sondern vielmehr von Work-Family-Balance bzw. der *Boundary- bzw. Border-Theorie* gesprochen, die die Grenzziehung zwischen Beruf und Privatleben zum Thema hat (vgl. Ashforth, Kreiner & Fugate, 2000; Clark, 2000). Ein zentrales Unterscheidungsmerkmal zwischen Personen liegt darin, wie stark diese versuchen, Beruf und Privatleben zu verbinden (Integration) oder klar voneinander abzugrenzen (Segmentierung). Grundsätzlich kann davon ausgegangen werden, dass Rollentrennung und Rollenintegration Beschreibungen von zwei Extrempolen sind und Individuen sich zwischen diesen beiden Polen bewegen. Einige neigen dazu, starke Grenzen zwischen Bereichen zu ziehen, während andere eine stärkere Flexibilität bevorzugen (Bulger, Matthews & Hoffman, 2007; Kreiner, 2006; Rothbard, Phillips & Dumas, 2005). Dabei besteht immer wieder die Notwendigkeit, zwischen verschiedenen Rollen zu wechseln – bspw. durch einen dringenden beruflichen Anruf in der arbeitsfreien Zeit (Ashforth et al., 2000). Diese Wechsel werden durch bestimmte Arbeitsformen, die es erlauben, die Arbeitstätigkeit unabhängig von räumlichen und zeitlichen Restriktionen auszuüben (etwa Telearbeit) begünstigt. Die Frage, wie leicht oder schwer es einer Person fällt, zwischen den Rollen zu wechseln, hängt von der Flexibilität des Einzelnen, den Anforderungen und Charakteristika der Arbeitsrolle (z. B. Möglichkeit, berufliche Termine von zu Hause aus zu koordinieren), den eigenen Handlungsmöglichkeiten und der Identifikation mit der jeweiligen Rolle ab (Clark, 2000). Grundsätzlich muss jedoch davon ausgegangen werden, dass sowohl Rollentrennung als auch Rollenintegration mit spezifischen Kosten- und Nutzenaspekten verbunden sind. So kann eine starke Grenzziehung zwischen beiden Bereichen dazu beitragen, das Risiko der „Rollenvermischung" zu reduzieren. Rollenintegration hingegen erlaubt einen flexibleren Wechsel zwischen der beruflichen und privaten Rolle.

Rollenwechsel

Zur Erweiterung des Blickwinkels sollte mit bedacht werden, dass es nicht nur Konflikte (zeitliche Konflikte, Konflikte zwischen Rollenerwartungen,

4

vgl. Carlson, Kacmar & Williams, 2000) zwischen beruflichen und privaten Rollen gibt, sondern auch die Chance, dass sich beide Bereiche positiv beeinflussen (das sogenannte *Work-Family- bzw. Family-Work-Enrichment*). Greenhaus und Powell (2006) unterscheiden verschiedene Wege, auf denen diese Effekte zustande kommen können. So erhöht das Ausüben unterschiedlicher, qualitativ hochwertiger Rollen das individuelle Wohlbefinden und damit die individuelle Lebenszufriedenheit und Lebensqualität. Darüber hinaus trägt das Ausüben verschiedener Rollen dazu bei, dass negative Erfahrungen in einer Rolle durch positive Erfahrungen in einer anderen ausgeglichen und Lerneffekte übertragen werden. Es kommt zum Aufbau von Ressourcen, die flexibel in verschiedenen Lebensbereichen nutzbar sind. Diese Ressourcen umfassen sowohl Kompetenzen (interpersonelle Kompetenzen, Aufbau von Fähigkeiten und Wissen) als auch materielle, physische und psychische Ressourcen (positives Selbstbild, Selbstbewusstsein, Selbstwirksamkeitserwartung, Optimismus).

Work-Family- bzw. Family-Work-Enrichment

Betrachtet man über die individuelle Ebene hinaus auch förderliche Aspekte der Arbeitssituation, zeigen Studien, dass das Ausmaß an erlebter Kontrolle und Entscheidungs- oder Handlungskompetenzen mit dem Auftreten von Work-Life-Balance Konflikten in Zusammenhang stehen (Butler, Grzywacz, Bass & Linney, 2005). Hierbei lässt sich nachweisen, dass Mitarbeiter, die über ein höheres Maß an Kontrolle verfügen, weniger Work-Life-Balance Konflikte, eine geringere Fluktuationsabsicht und weniger Anzeichen von Depressionen berichten als Mitarbeiter mit einem geringen Ausmaß an wahrgenommener Kontrolle (Kossek, Lautsch & Eaton, 2006).

Einflussfaktoren auf die Work-Life-Balance

Eine besondere Relevanz erhält die Verzahnung der Bereiche Work und Life im Kontext von Auslandseinsätzen, die für die betreffenden Mitarbeiter häufig auch mit einem Umzug der Familie verbunden sind (vgl. Kühlmann, 2004). Hierbei erweist sich insbesondere die Frage, inwieweit es der Partnerin bzw. dem Partner gelingt, sich an die neue Umgebung anzupassen und sich in der Sprache zurechtzufinden, als wesentlicher positiver Einflussfaktor auf die Arbeitszufriedenheit und die Anpassungsfähigkeit des Expatriates (Takeuchi, Yun & Tesluk, 2002). Obwohl in der Forschungsliteratur unter dem Thema Work-Life-Balance häufig Konflikte zwischen dem Beruf und der familiären Situation thematisiert werden, heißt dies keinesfalls, dass es sich hier nur um eine Fragestellung handelt, die Paare bzw. Eltern betrifft. Aktuelle Definitionen erweitern den Themenkomplex um Fragestellungen des sozialen Umfelds, der Regeneration sowie der Gesundheit.

Spezialfall Expatriates

Definition Work-Life-Balance
Work-Life-Balance bedeutet eine neue, intelligente Verzahnung von Arbeits- und Privatleben vor dem Hintergrund einer veränderten und sich dynamisch verändernden Arbeits- und Lebenswelt.

Betriebliche Work-Life-Balance Maßnahmen zielen darauf ab, erfolgreiche Berufsbiographien unter Rücksichtnahme auf private, soziale, kulturelle und gesundheitliche Erfordernisse zu ermöglichen. Ein zentraler Aspekt ist die Balance von Familie und Beruf.

Integrierte Work-Life-Balance Konzepte beinhalten bedarfsspezifisch ausgestaltete Arbeitszeitmodelle, eine angepasste Arbeitsorganisation, Modelle zur Flexibilisierung des Arbeitsortes wie Telearbeit, Führungsrichtlinien sowie weitere unterstützende und gesundheitspräventive Leistungen für die Beschäftigten (Bundesministerium für Familie, Senioren, Frauen und Jugend – BMFSFJ, 2005, S. 4).

Work-Life-Balance als Querschnittsthema

Work-Life-Balance ist ein Querschnittsthema, das u. a. von der Psychologie, der Soziologie und der Gender-Forschung bearbeitet wird, was zu unterschiedlichen Ausrichtungen der Work-Life-Balance Forschung geführt hat. Daraus leitet sich ab, dass die wissenschaftliche Auseinandersetzung das Themenfeld der Work-Life-Balance relativ breit aufspannt und sich mit Fragen der zeitlichen Verteilung, der potenziellen Konflikthaftigkeit, der Bereicherung durch das Zusammenwirken von Beruf und Privatleben sowie mit der Regulation der Bereiche beschäftigt (vgl. Abele, 2005). Auf psychologischer Ebene existieren zwei Hauptkategorien, mittels derer beschrieben wird, wie eine unzureichende Work-Life-Balance wirkt. Der *Spillover-Effekt* beschreibt die Auswirkungen eines Bereichs auf den anderen. Dieser kann darin zum Ausdruck kommen, dass Belastungen aus dem Privatleben zu einer Verringerung der beruflichen Leistung führen. Da es sich hierbei um einen Übertragungseffekt handelt, der in positiver und negativer Richtung stattfinden kann, lassen sich die Phänomene des Konflikts zwischen Beruf und Privatleben ebenso wie Effekte, in denen der eine Bereich zu einer Bereicherung des anderen beiträgt, darunter subsumieren. Der zweite Kernbereich besteht aus den Mechanismen, mithilfe derer die Person auf das individuelle Verhältnis zwischen Beruf und Privatleben auf Verhaltensebene reagiert. So kann die Person z. B. das Engagement in einem der Bereiche reduzieren (Anpassung), versuchen, die Unzufriedenheit in einem Bereich durch Zufriedenheit in dem anderen Bereich auszugleichen (Ausgleich) oder versuchen, die beiden Bereiche bestmöglich voneinander zu trennen (Segmentierung).

Spillover-Effekt

Kritik an der Dualität des Begriffs Work-Life-Balance

Kritik an der Bezeichnung Work-Life-Balance hat vor allem die Dualität der Begrifflichkeit ausgelöst (vgl. Resch & Bamberg, 2005). Im Zuge des Wandels der Arbeitssituation zeigt sich, dass es Situationen gibt, in denen nicht mehr eindeutig zwischen der beruflichen Rolle und der Privatperson differenziert werden kann und sich die Lebenssphären vermischen (z. B. bei Selbstständigen). Auch ist schwer nachzuvollziehen, warum der Bereich „Work" kein Element des normalen Lebensalltags darstellen soll (Pringle, Olsson & Walker, 2003). Insofern erscheint die Dualität des Begriffes Work-

6

Life-Balance künstlich. Stattdessen sollte eher vom Verhältnis von Lebenssphären (Hoff, Grote, Dettmer, Hohner & Olos, 2005) bzw. von der individuellen Ausgestaltung von Lebenskonzepten gesprochen werden.

Die Frage, wann das Zusammenspiel von Beruf und Privatleben tatsächlich als balanciert angesehen werden kann, muss individuell beantwortet werden. Der optimale Zustand der Balance von Person A kann sich deutlich von dem Optimum der Person B unterscheiden.

Philosophie des Work-Life-Balance Gedankens
Work-Life-Balance heißt, den Menschen ganzheitlich zu betrachten (als Rollen- und Funktionsträger) im beruflichen und privaten Bereich (der Lebens- und Arbeitswelt) und ihm dadurch die Möglichkeit zu geben, lebensphasenspezifisch und individuell für beide Bereiche die anfallenden Verpflichtungen und Interessen erfüllen zu können, um so dauerhaft gesund, leistungsfähig und ausgeglichen zu sein (Michalk & Nieder, 2007, S. 22).

Es müsste deutlich geworden sein, dass Work-Life-Balance mehr bedeutet, als sich mit Fragen möglicher Zeitkonflikte zwischen Beruf und Privatleben zu beschäftigen. Konflikte können innerhalb eines Bereichs, aber auch zwischen verschiedenen Bereichen (z. B. mangelnde Übereinstimmung der eigenen Werte mit den Werten, die der Arbeitgeber vertritt) auftreten. In Abhängigkeit von der individuellen Konstitution und dem Umfeld, in dem sich die Person befindet, führt das Auftreten von Konflikten zu einem erhöhten Stressempfinden sowie körperlichen oder psychischen Belastungsreaktionen, die sich wiederum auf das Verhalten am Arbeitsplatz (etwa die Arbeitsleistung oder Arbeitsqualität) auswirken. Dies kann zu einer weiteren Potenzierung des Stressempfindens bis zu einem Leistungseinbruch oder einer Arbeitsunfähigkeit führen. Darüber hinaus gibt es jedoch auch Faktoren, die Ressourcen für die Gesunderhaltung des Mitarbeiters darstellen. Hierbei sind insbesondere der Führungsstil des direkten Vorgesetzten und das Arbeitsklima zu nennen. Zahlreiche Studien zeigen übereinstimmend, dass die Anerkennung und Unterstützung durch den direkten Vorgesetzten, das in den Mitarbeiter gesetzte Vertrauen sowie ein positiver Umgang zwischen den Kollegen protektive Faktoren darstellen, die dazu beitragen, die individuelle Leistungsfähigkeit und damit auch den Unternehmenserfolg zu erhalten (Badura, 2008). Vor diesem Hintergrund sei festgehalten, dass Work-Life-Balance die individuelle Lebenssituation der Person, die Rollenanforderungen, Wertvorstellungen, die jeweilige Persönlichkeit und die damit verbundenen Verarbeitungsmuster umfasst, sowie Arbeitsbedingungen und Gegebenheiten am Arbeitsplatz (vgl. Abb. 1).

Folgen von Work-Life-Balance Konflikten

Ressourcen

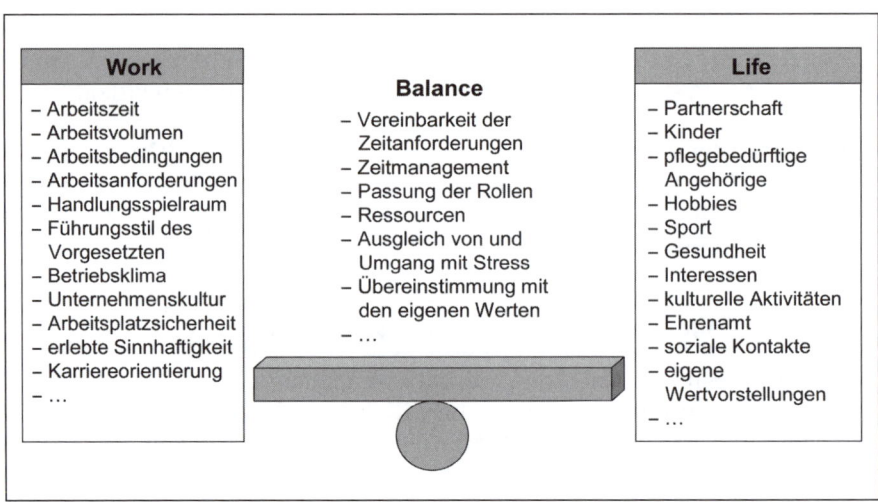

Abbildung 1:
Themengebiete von Work-Life-Balance

1.3 Abgrenzung zu ähnlichen Begriffen

Eine Betrachtung verschiedener Ansätze des Personalmanagements zeigt, dass Elemente des Work-Life-Balance Ansatzes bereits vielerorts vertreten sind. In der Unternehmenspraxis werden diese häufig jedoch unter anderen Oberbegriffen und zum Teil auch mit einer anderen Zielsetzung angewandt. Dies betrifft Maßnahmen des betrieblichen Gesundheitsmanagements, der Vereinbarkeit von Beruf und Familie sowie den Grundgedanken des Diversity Managements.

1.3.1 Betriebliches Gesundheitsmanagement

Das betriebliche Gesundheitsmanagement verfolgt das Ziel, die Beschäftigungsfähigkeit des Mitarbeiters zu erhalten und auf diesem Weg zur Leistungsfähigkeit des Unternehmens beizutragen. In dem Maße, in dem der Dienstleistungssektor zunehmend an Bedeutung gewinnt, verändern sich die Anforderungsprofile der Beschäftigten und erfordern eine höhere Flexibilität, Lern- und Anpassungsbereitschaft der Mitarbeiter (Seiler, 2008). Eine Reihe von Studien ist der Frage nachgegangen, warum in manchen Unternehmen die Mitarbeiter und Führungskräfte trotz gestiegener Belastungen eine hohe Performanz sowie einen geringen Krankenstand aufweisen, während sich die Situation in anderen Unternehmen derselben Branche anders darstellt. Die Bedeutung der Unternehmenskultur und der sogenann-

Veränderte Anforder-ungsprofile

8

ten „weichen Faktoren" im Umgang miteinander hebt eine interne Studie der Bertelsmann AG (vgl. Sackmann, 2008) hervor. Diese kommt zu dem Schluss, dass die Mitarbeiterorientierung der Führung sowie die Identifikation mit der eigenen Arbeit zu einem geringeren Stress- bzw. Belastungsempfinden führen, sodass die Mitarbeiter dauerhaft leistungsfähig bleiben. Diese Erkenntnis hat in den letzten Jahren zu einer Erweiterung der Maßnahmen des Arbeits- und Gesundheitsschutzes hin zu einem ganzheitlichen Ansatz des betrieblichen Gesundheitsmanagements geführt. Während sich der klassische Arbeits- und Gesundheitsschutz vor allem mit Aspekten der Arbeitssicherheit, der Ergonomie und der Gesundheitsprävention (bspw. Rückenschule) beschäftigt, wurde im Kontext des betrieblichen Gesundheitsmanagements der Fokus auf vorhandene Netzwerke und das Führungsverhalten erweitert. Ein besonders elaboriertes Modell stellt der *Sozialkapitalansatz* von Badura (2008) dar, der davon ausgeht, dass jedes Unternehmen neben dem finanziellen auch über ein soziales Kapital verfügt. Dieses umfasst die vorhandene Fachkompetenz der Mitarbeiter, die wahrgenommene Qualität des Arbeitsklimas, den Zusammenhalt unter Kollegen, das Ausmaß an sozialer Unterstützung (Netzwerkkapital, vgl. Rixgens, 2008) sowie die Anerkennung und Unterstützung durch Vorgesetzte und die wahrgenommene Qualität des Führungsverhaltens (Führungskapital). Ergänzt werden diese Facetten durch das sogenannte Überzeugungs- bzw. Wertekapital, welches gemeinsam geteilte Überzeugungen, Wertvorstellungen und Verhaltensweisen umfasst und weitestgehend mit der Unternehmenskultur übereinstimmt, sowie durch die immateriellen Arbeitsbedingungen. Letztere bestehen aus der erlebten Sinnhaftigkeit der Arbeit, den Partizipationsmöglichkeiten für Mitarbeiter sowie aus der Klarheit und Eindeutigkeit der Arbeitsaufgaben. Unternehmen mit hohem Sozialkapital zeichnen sich nach dem Ansatz von Badura (vgl. Rixgens, 2008) dadurch aus, dass die Mitarbeiter horizontal und vertikal stark vernetzt sind, sich wechselseitig unterstützen, sich an gemeinsam geteilten Überzeugungen und Werten orientieren und eine Unternehmenskultur aufweisen, die durch Vertrauen gekennzeichnet ist. Darüber hinaus versuchen die Unternehmen, die immateriellen Arbeitsbedingungen zu optimieren, um auf diesem Weg zur Gesundheit und Leistungsfähigkeit der Mitarbeiter beizutragen. Positive Effekte dieser Treiber sollen sich sowohl langfristig auf betriebswirtschaftlicher Ebene, als auch kurzfristig auf der Ebene von Gesundheitskennzahlen zeigen (vgl. Abb. 2).

Übereinstimmend mit dem postulierten Zusammenhang verdeutlicht eine Studie von Walter und Münch (2008), dass die Ausprägung der immateriellen Arbeitsbedingungen, das Verhalten des Vorgesetzten sowie der Umgang innerhalb des Teams signifikant mit den Fehlzeiten der Mitarbeiter korrelieren. Dabei zeigt sich, dass insbesondere die Akzeptanz durch den Vorgesetzten, die wahrgenommene Qualität der Kommunikation, die Team-

Bedeutung der Unternehmenskultur

Baduras Sozialkapitalansatz

Kennzeichen eines hohen Sozialkapitals

Einflussfaktoren auf Fehlzeiten

9

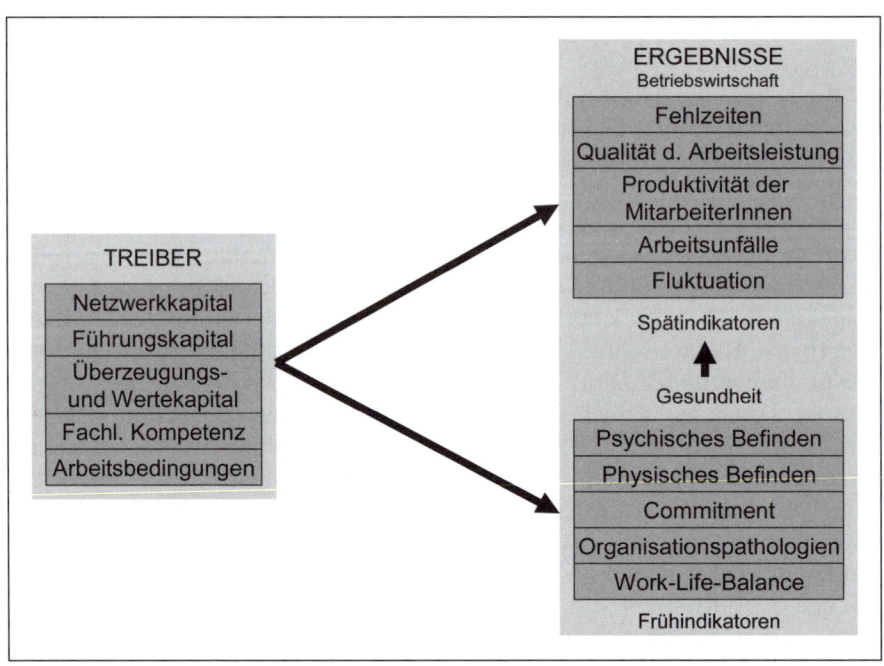

Abbildung 2:
Das Bielefelder Unternehmensmodell: Treiber und Ergebnisse
(Walter & Münch, 2008, S. 141)

kohäsion sowie die Partizipationsmöglichkeiten negativ mit den Fehlzeiten korrelieren, während eine starke Machtorientierung des Vorgesetzten tendenziell zu höheren Fehlzeiten führt (vgl. Abb. 3).

Wirksamkeit von Maßnahmen zur Gesundheitsprävention

Allerdings sind das Verhalten des Vorgesetzten und der Umgang innerhalb des Teams nicht die einzigen Wirkfaktoren auf das physische und psychische Befinden. Auch im Bereich des klassischen Arbeits- und Gesundheitsschutzes gibt es überzeugende Befunde für die Wirksamkeit von Maßnahmen zu Gesundheitsprävention. Im Bestreben, den gesundheitlichen und ökonomischen Nutzen des betrieblichen Gesundheitsmanagements zu quantifizieren, wurde eine Reihe von Studien durchgeführt. Untersucht wurden die Wirksamkeit von Maßnahmen hinsichtlich der Verbesserung allgemeiner Gesundheitsindikatoren (etwa Wohlbefinden) sowie der Reduktion gesundheitsgefährdender Verhaltensweisen. Insbesondere im Bereich der Verhaltensprävention besteht laut Kramer, Sockoll und Bödecker (2008) eine starke Evidenz dafür, dass mittels Übungsprogrammen Erkrankungen des Muskel- und Bewegungsapparats vorgebeugt und Erschöpfungszustände reduziert werden können. In Ergänzung zu diesem Ergebnis kommt eine von Aust und Ducki (2004) durchgeführte Metaanalyse zu dem Ergebnis, dass sich konsistent positive Effekte von Gesundheitszirkeln nachwei-

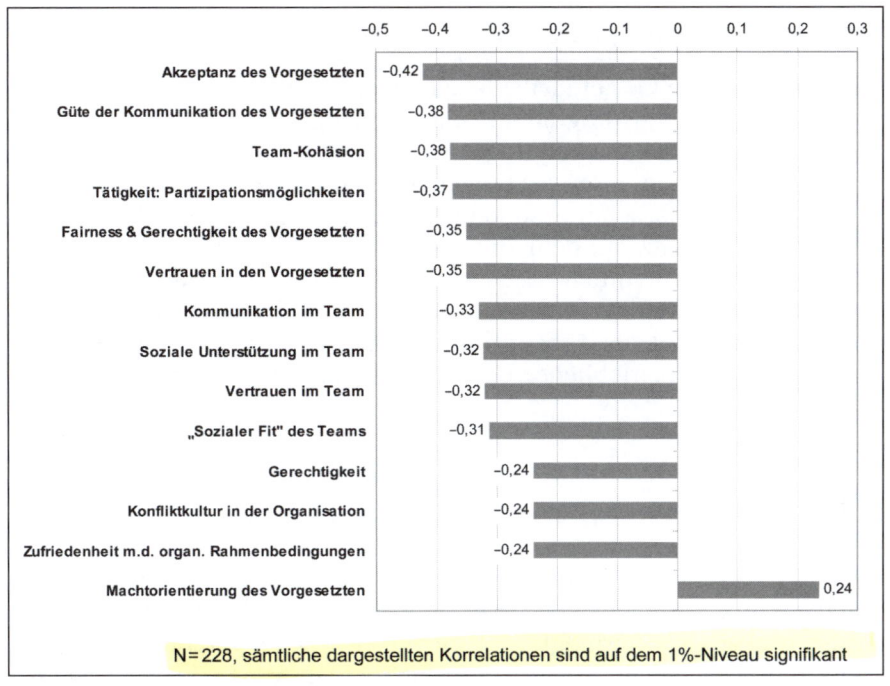

| | –0,5 | –0,4 | –0,3 | –0,2 | –0,1 | 0 | 0,1 | 0,2 | 0,3 |

Akzeptanz des Vorgesetzten –0,42

Güte der Kommunikation des Vorgesetzten –0,38

Team-Kohäsion –0,38

Tätigkeit: Partizipationsmöglichkeiten –0,37

Fairness & Gerechtigkeit des Vorgesetzten –0,35

Vertrauen in den Vorgesetzten –0,35

Kommunikation im Team –0,33

Soziale Unterstützung im Team –0,32

Vertrauen im Team –0,32

„Sozialer Fit" des Teams –0,31

Gerechtigkeit –0,24

Konfliktkultur in der Organisation –0,24

Zufriedenheit m.d. organ. Rahmenbedingungen –0,24

Machtorientierung des Vorgesetzten 0,24

N= 228, sämtliche dargestellten Korrelationen sind auf dem 1%-Niveau signifikant

Abbildung 3:
Korrelationen zwischen Fehlzeiten und immateriellen Arbeitsbedingungen
(Walter & Münch, 2008, S. 148)

sen lassen. Andere Studien berichten, dass in 40 Prozent der Abteilungen, in denen Gesundheitszirkel durchgeführt wurden, die Mitarbeiter deutliche Verbesserungen ihrer Gesundheit angaben (vgl. Schraub, Stegmaier, Sonntag, Büch, Michaelis & Spellenberg, 2008). Über die Ebene der subjektiven Wahrnehmung hinaus zeigte sich auch eine deutliche Verbesserung objektiver medizinischer Parameter (bspw. die Verbesserung des Blutbildes durch Abnahme von Triglyceriden und Cholesterol, vgl. Aust & Ducki, 2004). Mit Blick auf den unternehmerischen Nutzen der Verbesserung von Gesundheitsparametern wird im Zuge der Evaluationsforschung versucht, den Effekt zu quantifizieren. Den finanziellen Nutzen solcher Maßnahmen stellt Chapman (2005) heraus, indem er zu dem Ergebnis kommt, dass durch unternehmensseitige Gesundheitsprogramme die Kosten für krankheitsbedingte Fehlzeiten um etwa 25 Prozent reduziert werden können. Verwendet man die von Kramer et al. (2008) berichteten Return-on-Investment-Verhältnisse von 1 : 2,3 bis 1 : 5,9 für Krankheitskosten sowie 1 : 2,5 bis 1 : 10 für Fehlzeiten, lässt sich der finanzielle Vorteil von Unternehmen, die in Gesundheitsförderung und Prävention investieren, konkret beziffern (s. a. Kapitel 1.6).

Return-on-Investment für gesundheitsbezogene Maßnahmen

11

Ansatzpunkte des betrieblichen Gesundheitsmanagements
Das betriebliche Gesundheitsmanagement zeigt Wege auf, wie durch gezielte Gesundheitsprogramme bzw. durch optimale Arbeitsbedingungen, die Unternehmenskultur, die Vernetzung der Mitarbeiter und das Führungsverhalten Voraussetzungen geschaffen werden, die dazu führen, dass die Mitarbeiter gesund und leistungsfähig bleiben. Vergleicht man diesen Ansatz mit dem zuvor skizzierten Modell der Work-Life-Balance, so wird deutlich, dass der Fokus hierbei stark auf die Arbeitssituation gerichtet ist. Positive bzw. negative Einflüsse des Privatlebens, die sich auf die Arbeitssituation auswirken (Spillover) bleiben im Rahmen des betrieblichen Gesundheitsmanagements unberücksichtigt.

1.3.2 Vereinbarkeit von Beruf und Familie

Unter dem Stichwort „Vereinbarkeit von Beruf und Familie" werden Fragen der Kinderbetreuung sowie verschiedene Formen von Arbeitszeitmodellen gefasst, die es ermöglichen sollen, sowohl der Elternrolle als auch den Anforderungen als Arbeitnehmer gerecht zu werden. Dass es sich bei der Vereinbarkeit von Beruf und Familie nicht nur um ein wirtschaftliches, sondern auch um ein politisches Thema handelt, wird durch den Aufruf der OECD deutlich, in dem diese die europäischen Länder dazu aufforderte, sich dieser Problematik zu stellen (OECD, 2001). Das Ziel solcher Maßnahmen besteht u. a. darin, bisher ungenutzte Potenziale hinsichtlich des Anteils erwerbstätiger Frauen zu erschließen. Das kann durch eine Flexibilisierung der Arbeitszeit, Angebote zur Kinderbetreuung, Arbeitsfreistellungen oder Lebensarbeitszeitkonten geschehen, die es erlauben, geplante Auszeiten zu nehmen. Mit Blick auf die wirtschaftlichen Effekte solcher Maßnahmen zeigen Schneider, Gerlach, Juncke und Krieger (2008), dass familienbewusste Unternehmen eine um 17 Prozent höhere Mitarbeiterproduktivität aufweisen. Diese lässt sich auf eine höhere Motivation der Beschäftigten, geringere Fehlzeiten und ein höheres Commitment der Mitarbeiter zurückführen.

Politische Ziele im Kontext der Vereinbarkeit von Beruf und Familie

Als Folge der gestiegenen Lebenserwartung und des zu erwartenden Anstiegs an pflegebedürftigen Angehörigen erweitert sich der Fokus der Vereinbarkeit von Beruf und Familie zunehmend auch auf diese Problematik. Aktuelle Schätzungen prognostizieren, dass sich die Anzahl der Pflegebedürftigen in Deutschland von derzeit 2 Millionen auf 4,5 Millionen im Jahre 2050 erhöhen wird (Woratschka, 2010). Die daraus resultierenden Betreuungsanforderungen gehen meist zu Lasten der Angehörigen, die, im Zuge einer verlängerten Lebensarbeitszeit, häufig auch berufstätig sind.

Der prognostizierte Anstieg an Pflegebedürftigen führt zu erhöhten Betreuungsanforderungen

Das dürfte aktuell auf etwa ein Viertel der Personen, die Angehörige pflegen, zutreffen, wobei ungefähr die Hälfte ihre Berufstätigkeit in Vollzeit ausüben. Besonders problematisch ist, dass sich die Situation nicht langfristig planen lässt, sondern dass der Eintritt der Pflegebedürftigkeit in der Regel plötzlich erfolgt und dann innerhalb kurzer Zeit eine Reihe weitreichender Entscheidungen zu treffen sind (Becker, 2007). Das kann zu einer massiven Überforderung des Mitarbeiters führen, verbunden mit einem Leistungseinbruch und Fehlzeiten.

Unabhängig davon, ob die Ursache der Belastung in der Kinderbetreuung oder in der Pflege von Angehörigen besteht, werden unter dem Schlagwort „Vereinbarkeit von Beruf und Familie" vor allem flexible Arbeitszeitregelungen gefasst, die Teilzeitarbeit, Heimarbeit, Gleitzeitmodelle, Arbeitszeitkonten oder auch die Möglichkeit eines Sabbat-Jahres (Sabbatical) beinhalten. Mit Blick auf eine spätere Rückkehr in eine Vollzeitbeschäftigung ermöglichen einige Unternehmen ihren Mitarbeitern auch in dieser Phase die Teilnahme an Weiterbildungen oder die Übernahme von Urlaubsvertretungen.

Maßnahmen zur Vereinbarkeit von Beruf und Familie

Initiativen zur Vereinbarkeit von Beruf und Familie zielen darauf ab, Arbeitnehmer dabei zu unterstützen, den Anforderungen beider Lebensbereiche gerecht zu werden. Zumeist werden in diesem Zusammenhang Fragen der Arbeitszeitregelungen sowie der Koordination unterschiedlicher Rollen in Beruf und Privatleben aufgegriffen. Unterstützende Angebote des Unternehmens (bspw. das Angebot der Kinderbetreuung) können dazu beitragen, das vorhandene Potenzial an Erwerbstätigen zu erhöhen und den Wiedereintritt in den Beruf zu beschleunigen. Durch die Reduktion von Zeit- und Ressourcenkonflikten kann die Work-Life-Balance positiv beeinflusst werden.

1.3.3 Diversity Management

Diversity lässt sich nach Vedder (2006) mit Verschiedenheit, Ungleichheit, Andersartigkeit, Heterogenität, Individualität bzw. Vielfalt übersetzen. Ursprünglich stammt der Ansatz des Diversity Managements aus den USA. Dort haben strenge gesetzliche Auflagen gegen Diskriminierung das Bewusstsein geschärft und dazu geführt, dass in etwa 90 Prozent der Fortune-500-Unternehmen Strategien des Diversity Managements implementiert sind (Schulz, 2009). In Deutschland wurde das Konzept des Diversity Managements in den 1990er Jahren aufgegriffen. Diversity Manage-

Ursprung des Diversity-Ansatzes

ment bezieht sich vor allem auf demografische Merkmale von Menschen: Alter, Geschlecht, sexuelle Orientierung, Herkunft, Religion, soziale Schicht etc. (Köppel, Junchen & Lüdicke, 2007). Aufgabe des Diversity Managements ist nicht nur bspw. die Rekrutierung von Mitarbeitern unterschiedlicher Nationalitäten, sondern im nächsten Schritt auch die Entwicklung von Maßnahmen, die den Bedürfnissen und Anforderungen dieser Mitarbeiter gerecht werden. An dieser Stelle ergibt sich sowohl ein thematischer Bezug zur Work-Life-Balance als auch eine Überschneidung zu Maßnahmen zur Vereinbarkeit von Beruf und Familie. Im Rahmen des Diversity Managements bieten Unternehmen wie die Deutsche Telekom oder Ford Beratungsangebote für bestimmte Diversity-Gruppen an, im Rahmen derer sich z. B. Eltern oder Personen mit pflegebedürftigen Angehörigen Informationen einholen können (von Dippel, 2007). Obwohl es sich hierbei um Angebote handelt, die gezielt für bestimmte Mitarbeitergruppen entwickelt wurden, ist die Überlappung des Diversity Managements zur Work-Life-Balance offensichtlich. Betrachtet man die praktische Umsetzung, so gibt es nach Thomas und Ely (1996) zwei Herangehensweisen. Der eine Weg besteht darin, auf der Basis von Gleichberechtigungs- und Fairnessüberlegungen gezielt bestimmte Gruppen (Frauen, Bewerber unterschiedlicher Nationalitäten etc.) anzusprechen und für das Unternehmen zu rekrutieren. Die zweite Herangehensweise versteht Diversity Management als Chance, verschiedene Perspektiven und Arbeitsweisen für das Unternehmen nutzbar zu machen und geht damit über das bloße Vertretensein unterschiedlicher Identitätsgruppen innerhalb eines Unternehmens hinaus. Unternehmen, die den Diversity-Ansatz praktizieren, versuchen, auf diesem Weg Gleichberechtigungsstandards zu erfüllen und bewusst die Perspektivenvielfalt zu erhöhen. Im Fokus stehen dabei die stärkere Nutzung der individuellen Potenziale sowie die Erschließung neuer Ressourcen (durch eine größere Heterogenität auf Teamebene). Durch die Einbindung unterschiedlicher Wissens- und Erfahrungshintergründe sollen die Kreativität sowie die Innovations- und Wettbewerbsfähigkeit des Unternehmens gefördert und damit die Unternehmensstrategie unterstützt werden (Schulz, 2009). Vorteile werden insbesondere in der Förderung der interkulturellen Kompetenz der Mitarbeiter, der Einbeziehung von Experten mit lokalem und internationalem Wissen und der Steigerung der Unternehmensreputation gesehen. Betrachtet man die Maßnahmen, mittels derer Diversity Management im Unternehmen verankert werden soll, so zeigt sich, dass deutsche Unternehmen vor allem durch Auslandseinsätze und internationale Netzwerke versuchen, die interkulturelle Kompetenz ihrer Mitarbeiter zu entwickeln (Köppel et al., 2007). Die strukturelle Verankerung des Diversity-Gedankens durch die Position eines Diversity-Beauftragten wird hingegen vergleichsweise selten durchgeführt (vgl. Tab. 1).

14

Tabelle 1:
Eingesetzte Instrumente auf der Team- und Mitarbeiterebene im Cultural Diversity Management (nach Köppel et al., 2007, S. 16, basierend auf den Daten von 78 Unternehmen), Angaben in Prozent

	Deutsch-land	Europa	UK + USA	übrige Länder	Pro-duktion	Ser-vice	< 20.000 MA	> 20.000 MA
Diversity Task Forces oder Beauftragte	12,9	43,5	84,6	41,7	38,7	37,5	18,5	48,1
Informations-veranstaltungen	25,8	52,2	69,2	33,3	32,3	47,9	22,2	51,9
Trainings-maßnahmen	48,4	69,6	76,9	41,7	77,4	45,8	40,7	67,3
Coaching von Führungskräften, Teams etc.	48,4	34,8	38,5	58,3	51,6	39,6	37,0	48,1
Auslandseinsätze, Austausch, internat. Projekte	93,5	73,9	46,2	75,0	80,6	75,0	92,6	69,2
Mentoring-Pro-gramme zur Förde-rung bestimmter kulturelller Gruppen	22,6	17,4	30,8	41,7	22,6	27,1	18,5	22,8
Internationale Netzwerke	83,9	73,9	46,2	50,0	74,2	66,7	77,8	65,4

1.4 Bedeutung für das Personalmanagement

Das Ziel von Work-Life-Balance Maßnahmen besteht aus Sicht des Personalmanagements darin, die Mitarbeiterbindung zu erhöhen, die Fluktuation zu verringern und sich dadurch eine bessere Wettbewerbsposition zu verschaffen (Prognos, 2005). Dieser Effekt wird einerseits durch die individuellen (Stressentlastung), andererseits durch die organisationalen Auswirkungen (verbesserte Arbeitsmotivation und -zufriedenheit, Arbeitsklima) erzielt. Work-Life-Balance Maßnahmen sind somit Ausdruck einer Unternehmenskultur, die neben ökonomischen Zielen die Mitarbeiterorientierung in den Vordergrund stellt und lebensphasenbezogene Anforderungen sowie Belastungen der Mitarbeiter berücksichtigt.

Ziele aus Sicht des Personal-managements

Auf diesem Weg kann konstruktiv auf aktuelle und zukünftige Entwicklungen des Arbeitsmarkts (Stichwort demografischer Wandel) reagiert

15

werden. Maßnahmen zur Verbesserung der Work-Life-Balance wirken sich auf die Leistungsfähigkeit der vorhandenen Belegschaft aus, erhöhen die Mitarbeiterbindung (Retention Management) und wirken zugleich attraktiv für potenzielle Bewerber. Dies ist insofern von Bedeutung, da in einigen Berufsfeldern bereits jetzt ausgeschriebene Stellen nur schwer zu besetzen sind. Qualifizierte Fachkräfte werden zunehmend eine gefragte Größe, hinsichtlich derer die Unternehmen miteinander konkurrieren (War for Talents). Da sich die Kosten für die Neubesetzung einer Stelle auf bis zu 1,5 Jahresgehälter belaufen (Cramer, o.J.), rentieren sich Maßnahmen zur Erhöhung der Vereinbarkeit von Beruf und Familie mitunter recht schnell.

In einer Befragung des Instituts der deutschen Wirtschaft (Flüter-Hoffmann & Solbrig, 2003) gaben etwa 46 Prozent der befragten Unternehmen an, familienfreundliche Maßnahmen in ihre Tarifverträge, Betriebsvereinbarungen oder Unternehmensleitlinien aufgenommen zu haben. Tabelle 2 zeigt, dass die Ursachen hierfür vor allem in der Erwartung einer höheren Arbeitszufriedenheit der Mitarbeiter liegen. Darüber hinaus wird das Ziel verfolgt, qualifizierte Mitarbeiter zu halten und zu gewinnen.

Tabelle 2:
Motive für familienfreundliche Maßnahmen – Ergebnisse einer Befragung des Instituts der deutschen Wirtschaft (Flüter-Hoffmann & Solbrig, 2003) in 878 Unternehmen, Angaben in Prozent

	Deutschland	West	Ost
Arbeitszufriedenheit der Mitarbeiter erhöhen	75,8	73,7	85,4
Qualifizierte Mitarbeiter halten und gewinnen	74,7	74,8	74,0
Kosteneinsparungen durch geringere Fluktuation und niedrigen Krankenstand	64,3	66,2	53,3
Kosteneinsparungen durch höhere Produktivität	58,1	58,6	55,7
Höhere Zeitsouveränität für die Beschäftigten	56,1	54,6	57,4

Auf die Frage, welches die wichtigsten Instrumente zur Förderung der Work-Life-Balance seien, nannten rund 56 Prozent der Unternehmen Teilzeitarbeit, ca. 54 Prozent Kinderbetreuung, 42 Prozent Lebensarbeitszeitkonten, 41 Prozent gesundheitsfördernde Arbeitsplätze, 40 Prozent Gesundheits-Checks und 39 Prozent Vertrauensarbeitszeit (Kienbaum, 2007; basierend auf den Ergebnissen aus 263 Unternehmen). Betrachtet man die Relation zwischen der Etablierung der Maßnahmen im Unternehmen und

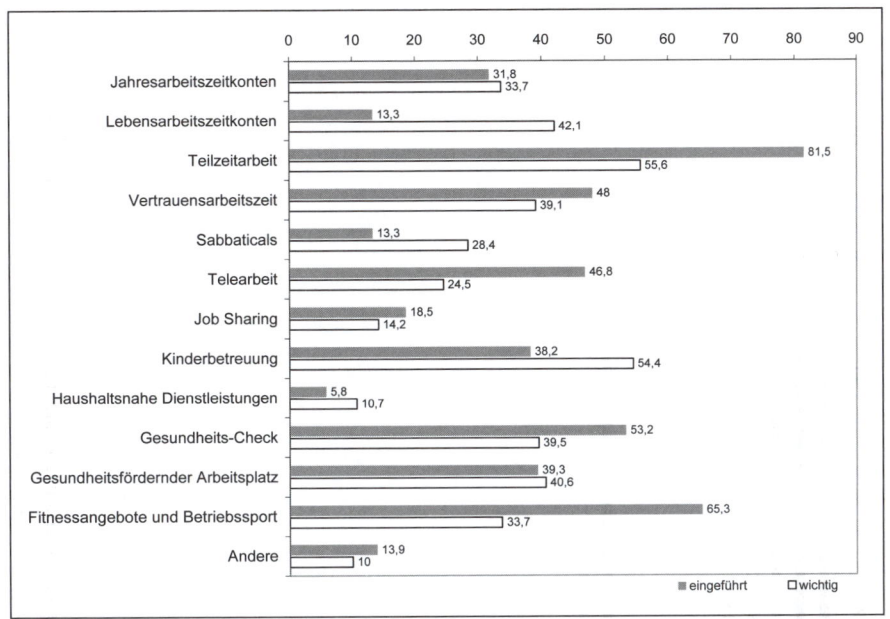

Abbildung 4:
Die wahrgenommene Wichtigkeit von Work-Life-Balance Maßnahmen im Vergleich
zu ihrer Einführung (Kienbaum, 2007, S. 7)

der Einschätzung ihrer Wichtigkeit, zeigt sich eine deutliche Diskrepanz, die in Abbildung 4 dargestellt ist.

Durch die längerfristige Beschäftigungsperspektive und die Ausweitung der Lebensarbeitszeit geraten psychische und physische Belastungsfaktoren der Arbeitssituation in den letzten Jahren stärker in den Fokus. Dies wird auch in der repräsentativen Befragung von Prager und Schleiter (2006) deutlich. Darin nannten 75 Prozent der befragten Erwerbstätigen die Vereinbarkeit von Beruf und Familie, 72 Prozent die Übernahme von Tätigkeiten, die gesundheitlich weniger belastend sind, und jeweils 70 Prozent die stärkere Anerkennung der eigenen Arbeitsleistung durch den Vorgesetzten und die Reduzierung der wöchentlichen Arbeitszeit als Voraussetzung dafür, bis zum 65. Lebensjahr beim aktuellen Arbeitgeber beschäftigt zu sein. Der Blick in die Praxis zeigt jedoch, dass bislang der überwiegende Anteil der in Unternehmen etablierten Maßnahmen auf Flexibilisierungen der Arbeitszeit (flexible Tages-/Wochenarbeitszeiten, individuell vereinbarte Arbeitszeiten, Arbeitsunterbrechung) fokussieren, wohingegen Gesundheitsvorsorge oder Programme zur Wiedereingliederung nur von einem geringen Prozentsatz der Unternehmen realisiert werden (vgl. Abb. 5).

Voraussetzungen für die Leistungsfähigkeit im Alter

17

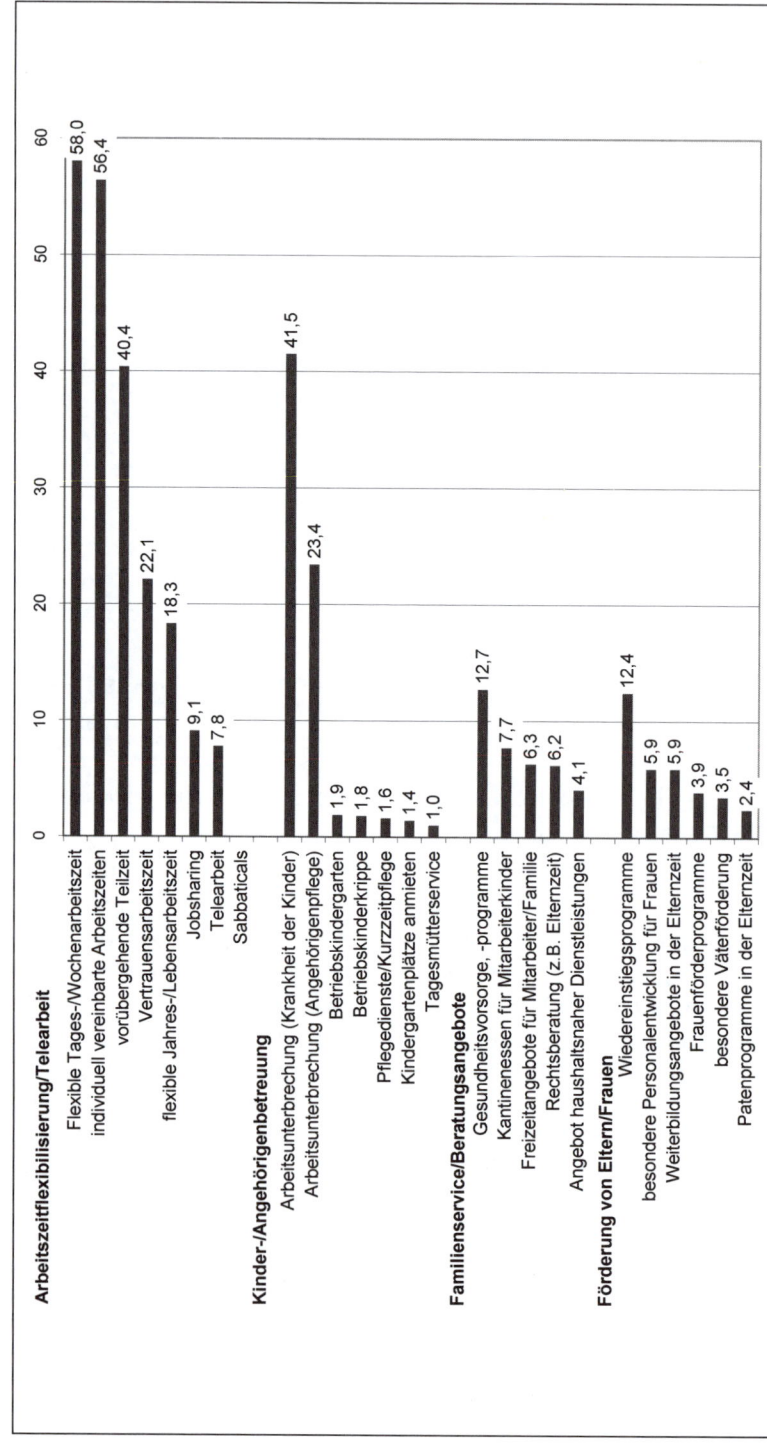

Abbildung 5:

Familienfreundliche Maßnahmen in der Praxis – dargestellt ist der Anteil der 878 befragten Unternehmen, die die jeweiligen Maßnahmen praktizieren (Flüter-Hoffmann & Solbrig, 2003, S. 9), Angaben in Prozent

1.5 Work-Life-Balance bei Führungskräften

Eine Zielgruppe, die ihrer Work-Life-Balance vergleichsweise wenig Aufmerksamkeit widmet, bei der die Konsequenzen mangelnder Balance aber umso größere Auswirkungen auf das Unternehmen haben, sind Führungskräfte – insbesondere das obere Management. Eine Befragung der Haufe Akademie kam zu dem Ergebnis, dass Führungskräfte Work-Life-Balance Angebote zwar schätzen, allerdings 43,3 Prozent der befragten Führungskräfte (N=92, Haufe Akademie, 2009) die angebotenen Maßnahmen ihres Unternehmens wenig bis gar nicht nutzen. Bezieht man zusätzlich noch die Unternehmensgröße mit ein, zeigt sich insbesondere bei kleinen und mittleren Unternehmen (KMU) ein Defizit, das darin zum Ausdruck kommt, dass in kleinen Unternehmen nur wenige Führungskräfte Work-Life-Balance Maßnahmen in Anspruch nehmen. Dabei verdeutlichen Studien, dass eine Balance der Lebensbereiche mit einer höheren Lebenszufriedenheit einhergeht und dadurch auch das Risiko des Burnouts mindert.

Nutzung von Work-Life-Balance Maßnahmen durch Führungskräfte

Schätzungen von Unternehmensberatungen kommen zu dem Schluss, dass etwa 48 Prozent der Topmanager in Deutschland und der Schweiz das Gefühl haben, durch ihre berufliche Tätigkeit stark belastet zu sein (die wirtschaft, 05. 06. 2007). Folgen der Belastung können darin bestehen, dass auch das Privatleben und die Familie nur noch als Aufgaben wahrgenommen werden, die gemeistert werden müssen. Dies hat zur Folge, dass Möglichkeiten des Stressausgleichs und damit verbundene Ressourcen ihre präventive Wirkung verlieren und sich die Stressspirale immer rasanter dreht – bis hin zu psychosomatischen Beschwerden. Im ungünstigsten Fall führen der hohe Druck und permanenter Stress zu einem Burnout-Syndrom. Die Kosten des burnout-bedingten Ausfalls können sich schnell auf zweieinhalb Jahresgehälter belaufen (Müller, 2010) – eine Größenordnung, die im Falle des Topmanagements eine bedeutsame Größenordnung annimmt. Ausgehend von einem durchschnittlichen Jahresgehalt eines Vorstands zwischen 0,5 und 9,1 Millionen Euro pro Jahr (Becker, 2009) ergeben sich hohe direkte Kosten durch die burnout-bedingte Abwesenheit. Die indirekten Kosten, die sich in Produktivitätsverlusten des Unternehmens, Verzögerungen in Entscheidungsfindungsprozessen, Mehrbelastung der nachgeordneten Führungsebene etc. zeigen, sind jedoch in der Regel deutlich höher.

Folgen einer hohen Arbeitsbelastung

Kosten eines Burnouts auf Führungsebene

Auf der Verhaltensebene beschreibt Greve (2010) die Folgen eines Burnouts bei Führungskräften in Form einer zunehmenden Abschottung des Topmanagements gegenüber schlechten Nachrichten und einer Vermeidung von Veränderungen. Darüber hinaus werden Entscheidungen nicht mehr zeitnah getroffen, wodurch ein Führungsvakuum entstehen kann, das der nächsten Führungsebene die Möglichkeit gibt, sich zu profilieren. Die Auswirkungen dieses Effekts können variieren und reichen von Aktionismus bis hin zum umfangreichen Verfassen von Anweisungen und Regelwerken. In der Konsequenz nimmt der Druck auf die Mitarbeiter zu, wodurch das Stressniveau und

Konsequenzen für das Unternehmen

Burnout-Risiko auch auf dieser Ebene steigen. Mit zunehmender Belastung und unklarer Perspektive erhöht sich die Fluktuationswahrscheinlichkeit der Leistungsträger. Die dadurch entstehenden Lücken müssen kurzfristig überbrückt werden, wobei in der Regel keine oder kaum Zeit für die Weiterqualifizierung der entsprechenden Mitarbeiter bleibt. Eine Studie von Sutherland und Cooper (1995) mit 118 CEOs sowie deren Partnern/Partnerinnen kam zu dem Ergebnis, dass ein Großteil (64 Prozent der CEOs) regelmäßig am Wochenende arbeitet. Auf der anderen Seite machten sich bereits 27 Prozent der Befragten Sorgen um ihre Gesundheit. Während die Lebenspartner/-partnerinnen vor allem Arbeitsüberlastung, Zeitdruck, Dienstreisen und lange Arbeitszeiten als Stressquellen identifizierten, führten die CEOs Stress (neben dem Zeitdruck) vor allem auf Konflikte zwischen der beruflichen Tätigkeit und dem Privatleben im Allgemeinen, sowie dem Familienleben im Speziellen, zurück. Eine genauere Betrachtung der Daten zeigt, dass insbesondere CEOs unter 50 Jahren höhere Werte in Depressivität und Ängstlichkeit aufwiesen und auch stärker von Konflikten zwischen Beruf und Privatleben betroffen waren. Dieser Befund steht in Übereinstimmung mit einer Studie von Jacobshagen et al. (2005), die mit 142 Topmanagern durchgeführt wurde. In dieser Studie konnte nachgewiesen werden, dass Topmanager einen erhöhten Level an kognitivem und emotionalem Stress sowie psychosomatische Beschwerden aufweisen. Tiefergehende Analysen zeigen, dass auch hier dem Spannungsfeld zwischen Beruf und Privatleben eine entscheidende Bedeutung zukommt. Dies wird dadurch deutlich, dass der Zusammenhang zwischen dem Gefühl der Überlastung und den vorhandenen psychosomatischen Beschwerden nicht mehr signifikant ist, wenn zusätzlich das Vorhandensein des Konflikts zwischen Beruf und Privatleben als Variable in das Modell mit einbezogen wird. Gleiches trifft auf den Zusammenhang zwischen der Länge der Arbeitszeit und den berichteten psychosomatischen Beschwerden zu. Sobald die Variable „Konflikt zwischen Beruf und Privatleben" statistisch kontrolliert wird, stellt sich der Zusammenhang als nicht mehr signifikant dar. Es scheint somit nicht allein das Ausmaß an Arbeitszeit oder Arbeitsvolumen zu sein, das einen krank werden oder sogar ausbrennen lässt, sondern die Frage, ob dieses Ausmaß Konflikte in anderen Lebensbereichen hervorruft. Dass dieses Spannungsfeld für Unternehmen weitreichende Konsequenzen hat und nicht reine „Privatsache" ist, macht die bereits zitierte Studie von Sutherland und Cooper (1995) deutlich. In dieser stuften 23 Prozent der CEOs ihr Burnout-Risiko als überdurchschnittlich hoch ein – eine Einschätzung, die von den befragten Partnerinnen/Partnern weitgehend geteilt wurde. Darüber hinaus berichteten 15 Prozent der CEOs bereits zum Zeitpunkt der Befragung, dass sie unter erhöhtem Blutdruck und 10 Prozent, dass sie unter Schlafproblemen litten.

Beispiele für den finanziellen Nutzen von Work-Life-Programmen auf Management-Ebene lassen sich aus amerikanischen Studien ableiten. Der Bedarf nach Work-Life-Programmen kommt in folgendem Zitat zum Ausdruck: „The 60-hour weeks once thought to be the path to glory are now practically con-

Das Spannungs-
feld zwischen
Beruf und
Privatleben als
zentraler
Einflussfaktor

sidered part-time. Spouses, kids, friends, prayer, sleep-time for things critical to human flourishing – is being squeezed by longer hours at the top" (Cascio & Boudreau, 2008, S. 151).

Dass dies aber keineswegs der präferierte Weg des Topmanagements sein muss, wird in einer Befragung der Senior Executives der Fortune-500-Unternehmen deutlich. Im Gegenteil, es zeigt sich ein völlig anderes Bild:

Perspektive des Top-Managements

- 84 Prozent der Senior Executives gaben an, dass sie Joboptionen bevorzugen, die es ihnen erlauben, neben ihren beruflichen Zielen mehr Zeit für das Privatleben zu haben,
- 55 Prozent gaben an, dass sie zugunsten des Privatlebens auf einen Teil ihres Gehalts verzichten würden,
- 50 Prozent waren sich nicht sicher, ob die Opfer, die sie für die Karriere erbracht haben, es auch wert waren,
- 73 Prozent waren der Meinung, dass es möglich wäre, die Jobs im Senior Management so zu verändern, dass die Produktivität und vorhandene Zeit für das Privatleben gleichermaßen gesteigert werden könnten,
- 87 Prozent waren überzeugt davon, dass Unternehmen, die eine bessere Balance zwischen dem Beruf und dem Privatleben ermöglichen, einen Wettbewerbsvorteil bei der Gewinnung neuer Mitarbeiter haben (Cascio & Boudreau, 2008).

Empfehlungen für die Zielgruppe Führungskräfte

Unternehmen sollten ein besonderes Augenmerk auf die Work-Life-Balance ihrer Führungskräfte haben, da gerade in dieser Zielgruppe der Nutzen von Work-Life-Balance Maßnahmen besonders hoch ist, die Führungskräfte diese Maßnahmen jedoch häufig nur in geringem Maße in Anspruch nehmen.

Obwohl im deutschen Sprachraum vergleichsweise wenige Studien zur Work-Life-Balance existieren, zeigen sich Hinweise darauf, dass diese Zielgruppe stark von Konflikten zwischen der beruflichen Tätigkeit und dem Privatleben betroffen ist.

Vor diesem Hintergrund sollte bei der Implementierung von Work-Life-Balance Maßnahmen auch das Topmanagement mit einbezogen werden. Auf diesem Weg kann das Topmanagement auch als Multiplikator genutzt werden und dazu beitragen, die Work-Life-Balance in der Unternehmenskultur zu verankern.

1.6 Organisationaler Nutzen

Bei der Betrachtung der Balance zwischen Beruf und Privatleben kann der Eindruck entstehen, dass es sich hierbei vor allem um Maßnahmen handelt, deren Erfolg sich auf individueller Ebene niederschlägt, da die Interventionen dazu beitragen, Konflikte der Mitarbeiter zu lösen bzw. Rollenkollisionen zu vermindern. Dass diese Maßnahmen jedoch nicht nur Sozialfaktoren des Unternehmens darstellen, sondern auch betriebswirtschaftlichen Nutzen für das Unternehmen aufweisen, zeigen Erfahrungen aus der Praxis. Diese demonstrieren, dass Work-Life-Balance Maßnahmen sich positiv auf den Prozess der Personalgewinnung, die Fehlzeitenquote, die Fluktuation und die Leistung der Mitarbeiter auswirken (s. Abb. 6).

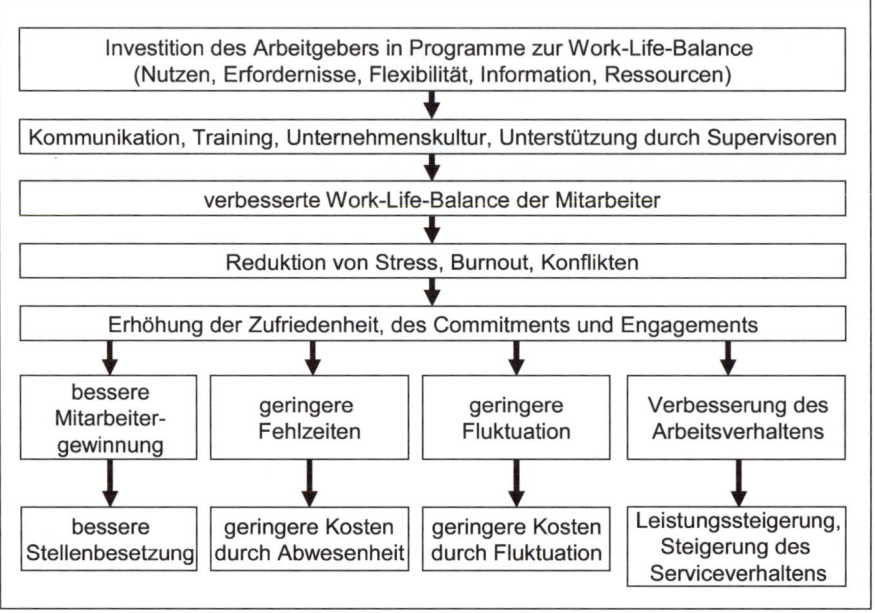

Abbildung 6:
Die Logik von Work-Life-Balance Maßnahmen (nach Cascio & Boudreau, 2008, S. 154)

Auf Ebene der sogenannten „weichen" Faktoren wird davon ausgegangen, dass Konflikte zwischen Beruf und Privatleben zu einer geringeren Arbeitsleistung sowie zu mehr Fehlern und Fehlentscheidungen aufgrund der höheren Belastungssituation führen (de Graat, 2007). Darüber hinaus wird davon ausgegangen, dass die Unterstützung seitens des Unternehmens bei der Vereinbarkeit von Beruf und Privatleben dazu beiträgt, die Arbeitszufriedenheit der Mitarbeiter zu erhöhen. So geht die Unternehmensberatung Gallup (2005) davon aus, dass Mitarbeiter, die als Ausdruck einer geringen Arbeitszufriedenheit lediglich „Dienst nach Vorschrift" verrichten, einen wirtschaftlichen Schaden verursachen, der sich bei alleiniger Betrachtung der Kosten durch höhere Fehlzeiten auf ca. 1,68 Milliarden Euro pro Jahr beläuft. Es stellt sich die Frage, wie stark Maßnahmen zur Steigerung der Work-Life-Balance die Motivation der Belegschaft fördern und welcher betriebswirtschaftliche und gesamtgesellschaftliche Nutzen hieraus ent-

Kosten
mangelnden
Engagements

22

steht. In den vergangenen Jahren wurden eine Reihe von Untersuchungen und Modellrechnungen erstellt, die zur Klärung dieser Frage beitragen können. Allein in Bezug auf die Rentabilität von Maßnahmen zur Vereinbarkeit von Beruf und Familie kommt eine Modellrechnung des BMFSFJ (2003) zu dem Ergebnis, dass einer Investition von 300.000 Euro eine realisierte Kosteneinsparung von 375.000 Euro gegenübergestellt werden kann. Dabei wurde bei dieser Studie lediglich die Wirkung familienfreundlicher Maßnahmen auf die Mitarbeiter mit Betreuungsaufgaben berücksichtigt (Ulich, 2007). Gesamtgesellschaftliche Effekte zeigen sich dadurch, dass Work-Life-Balance Maßnahmen langfristig zu einer Steigerung des Erwerbspersonenpotenzials führen. Dieser Effekt ist sowohl auf eine höhere Erwerbsbeteiligung von Alleinerziehenden als auch auf die präventive, gesunderhaltende Wirkung der Maßnahmen bei älteren Mitarbeitern zurückzuführen. Auch von wissenschaftlicher Seite zeigen sich Anhaltspunkte dafür, dass Work-Life-Balance Maßnahmen zu einer Steigerung des Unternehmenserfolgs beitragen, allerdings ist die Anzahl der durchgeführten Studien noch nicht ausreichend, um ein abschließendes Urteil zu ermöglichen (Gmür & Schwerdt, 2005). Konkrete Rentabilitätsberechnungen liefert Fritz (2008) anhand der Daten eines Chemieunternehmens. Mit dem Ziel der Verbesserung der Arbeitsbedingungen (Verbesserung des Bereichs „Work") wurden in diesem Unternehmen die Mitarbeiter stärker in Ent-

Realisierbare Kosteneinsparungen durch Work-Life-Balance Maßnahmen und gesamtgesellschaftliche Effekte

Beispiel für eine Rentabilitätsberechnung

Formel: $d_t \times SD_y \times A \times (N \times t) = U_{brutto}$

Berechnungsbeispiel:

d_t	0,89	gemessene Leistungsveränderung der qualitativen Kennzahl, ausgedrückt in Standardabweichungen (Effektstärke der Maßnahme)
SD_y	16.000	Standardabweichung der in Euro bewerteten jährlichen Arbeitsleistung der Teilnehmer (orientiert am Durchschnitts-Brutto-Gehalt)
A	14 % (0,14)	gemeinsame Beziehung bzw. Varianzaufklärung (r^2) von d_t und SD_y (basierend bspw. auf metaanalytischen Befunden)
N	24	Anzahl der Teilnehmer
t	1	Wirkungsdauer der Maßnahme (in Jahren)
U_{brutto}	47.846 Euro	Bruttonutzen

Nutzen$_{netto}$: 34.222 Euro [U_{brutto} (47.846 Euro) − **Kosten$_{Maßnahme}$** (13.624 Euro)]

ROI: 2,51 **Nutzen$_{netto}$** / **Kosten$_{Maßnahme}$**

Abbildung 7:
Berechnung des Netto-Nutzens und des Return-on-Investments (ROI) einer Maßnahme zur Verbesserung der Arbeitssituation

scheidungen einbezogen. Um dies zu gewährleisten, wurde die Führungs-kraft trainiert und gecoacht, darüber hinaus wurde Projektgruppenarbeit eingeführt. Der geschätzte Nettonutzen dieser Maßnahmen ließ sich auf 34.222 Euro beziffern (siehe Abbildung 7). Die Kosten-Nutzen-Relation (Return-on-Investment) entspricht dabei einem Verhältnis von 1 : 2,51. Das bedeutet, dass sich jeder eingesetzte Euro einem Gewinn von ca. 2,51 Euro an geschätztem Nutzenwert gegenüberstellen lässt.

Zusätzliche positive Effekte im Hinblick auf die Mitarbeiter-motivation, -produktivität und -bindung

Betrachtet man über die finanzielle Rentabilität hinaus die Auswirkungen auf „weiche" Faktoren (z.B. Mitarbeitermotivation), so zeigt sich überein-stimmend mit den zuvor skizzierten Ergebnissen, dass Unternehmen, die zu den sogenannten Top-Performern (oberes Quartil der Normalverteilung) in Fragen der Vereinbarkeit von Beruf und Familie gehören, höhere Werte in der Mitarbeitermotivation, der Mitarbeiterproduktivität, der Kunden- und Mitarbeiterbindung sowie dem nachhaltigen Humankapitalaufbau aufwei-sen (s. Abb. 8), während bei den sogenannten Low-Performern vor allem eine höhere Mitarbeiterfluktuation und ein höherer Krankenstand ins Auge fallen. Auch wenn sich diese Maßnahmen nicht in jedem Fall eindeutig in Return-on-Investment-Berechnungen überführen lassen, verweist dies da-rauf, dass die getätigten Investitionen in Befragungsergebnissen deutlich zum Ausdruck kommen.

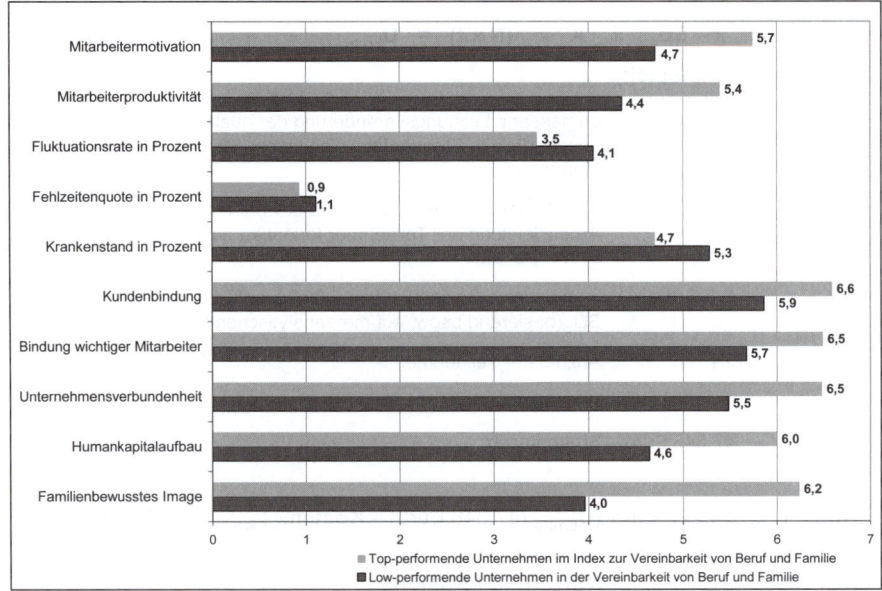

Abbildung 8:
Effekte der Vereinbarkeit von Beruf und Familie (nach Schneider et al., 2008, S. 56) – dargestellt sind die Mittelwerte der Output-Variablen der Top- und Low-performenden Unternehmen (350 < N < 503)

2 Modelle

Bei der Recherche in Bezug auf wissenschaftliche Modelle der Work-Life-Balance stellt man fest, dass eine Reihe unterschiedlicher Konzepte existiert, denen jedoch selten ein wissenschaftliches Modell zugrunde liegt. Häufig wurde in einem ersten Schritt der aktuelle Bedarf einer Zielgruppe ermittelt und dann darauf aufbauend ein theoretisches Rahmenkonzept entwickelt. Dies legt die Schlussfolgerung nahe, dass die meisten Ansätze eher handlungsbezogen konzipiert wurden, eine wissenschaftliche Fundierung ist in der Praxis kaum vertreten. Da aber einige Modelle durchaus interessante Ansätze und Denkanstöße beinhalten und sie mit entsprechender Adaptation auch in einen größeren Rahmen integrierbar erscheinen, werden im Folgenden vier Modelle vorgestellt und als ein Konglomerat aus diesen am Ende ein fünftes präsentiert, das seit einigen Jahren erfolgreich beforscht wird und sich als praxisrelevant und gut anwendbar erwiesen hat.

2.1 Konzepte zu Lebenszufriedenheit und Wohlbefinden

Work-Life-Balance ist untrennbar mit den Begriffen Zufriedenheit und Wohlbefinden verbunden. Bei der Betrachtung von Work-Life-Balance Konzepten stellt sich die Frage, welche Faktoren Einfluss haben und welche einen moderierenden oder mediierenden Charakter aufweisen. Es wird vermutet, dass unterschiedliche Lebensbereiche sowie deren spezifische Anforderungen relevant sind. Diese wirken den derzeitigen Vorstellungen zufolge als unabhängige Variable auf die Zufriedenheit beziehungsweise das Wohlbefinden. In der Wissenschaft wurden unterschiedliche Herangehensweisen an die Frage nach Zufriedenheit, Wohlbefinden bzw. Balance gewählt.

Da eine differenzierte Vorstellung sämtlicher Theorien, Konzepte und Modelle in diesem Band den Rahmen sprengen würde, wird nachfolgend eine Auswahl des Materials skizziert. Im Anschluss werden spezifische Work-Life-Balance Modelle detaillierter betrachtet.

Tabelle 3:
Überblick über relevante Modelle und Theorien

Theorie/Modell	Kurzerklärung
Nikomachische Ethik des Aristoteles (1983)	Grundvoraussetzungen für ein Gelingen des Lebens, unter anderem Familie, Freunde und Gesundheit.
Bedürfnistheorien von Maslow (1954) und Alderfer (1972)	Zentrale Bedürfnisse des Menschen, die sich in Abhängigkeit von der Situation des Individuums ausbilden.

Tabelle 3 (Fortsetzung):
Überblick über relevante Modelle und Theorien

Theorie/Modell	Kurzerklärung
Stressmodelle, zum Beispiel von Lazarus (Lazarus, 1966; Lazarus & Launier, 1981)	Stressoren und Aspekte, die die Stresswirkung individuell beeinflussen bzw. abfedern können.
Persönlichkeitsentwicklungs-modelle/Lebensphasen-modelle (vgl. Montada, 1998)	Entwicklungsverlauf in acht Hauptphasen mit jeweils spezifischen Konflikten und Krisen, Identifikation der Konsequenzen einer erfolgreichen oder weniger erfolgreichen Meisterung der Entwicklungsaufgaben.
Gesundheitsmodelle, beispielsweise zur Entstehung psychosomatischer Beschwerden von Sachse (1995)	Benennung von Ursachen, Einflussfaktoren und Bedingungen, die die Entstehung psychosomatischer Erkrankungen beeinflussen.
Belastungs-Beanspruchungs-Konzepte, zum Beispiel von Richter und Hacker (1998) oder Udris und Frese (1998)	Identifikation von Belastungen (vor allem aus der Arbeitswelt), auslösende Bedingungen und resultieren-den Beanspruchungsfolgen in Form von kurzfristigen, mittel- und langfristigen Reaktionen.

2.2 Das Zeit-Balance-Modell

Bedeutung des Zeit-managements

Das sogenannte „Zeit-Balance-Modell" wurde vor allem von Seiwert (2006) bekannt gemacht und in ein Modell zur Steigerung der Work-Life-Balance überführt. Es greift vier grundlegende Lebensbereiche (Sinn, Körper, Leistung und Kontakt) auf, die essenziell zur Erreichung einer Work-Life-Balance sind. Seiwert (2006, S. 6 ff.) rät, reflektierter mit seiner Zeit umzugehen, „täglich eine bewusste Auswahl zu treffen und nur die Dinge zu tun, die uns am Herzen liegen". Dabei hält er Planung für ungemein wichtig, empfiehlt, sich auf die Suche nach den persönlichen „Zeitdieben" zu machen und bewusster mit eigenen Zeitressourcen zu haushalten. Entscheidend für langfristigen Erfolg und Lebensglück sei ein ausgewogenes Verhältnis, in dem alle Bereiche sinnvoll Beachtung fänden. Innerhalb des Modells wird davon ausgegangen, dass die verschiedenen Lebensbereiche zusammenhängen, sich gegenseitig beeinflussen und eine Überbewertung eines Bereiches nur mit einer Vernachlässigung eines anderen Bereiches einhergehen kann, da Zeit nur in begrenztem Umfang zur Verfügung steht. Zwar räumt er ein, dass eine Gleichbehandlung der vier Bereiche zeitlich nicht realisierbar sei, dies sei aber auch nicht notwendig, da es hierbei nicht um Quantität, sondern in erster Linie um Qualität gehe. Als Folgen einer ausgewogenen Work-Life-Balance nennt er Wohlbefinden, Gesundheit und gesteigerte Energie. Das Zeitmanagement der Zukunft umfasst dabei die Erarbeitung persönlicher Lebensvisionen, die Formulierung von Lebenszielen, das Aufstellen eines Jahreszielplans, das Führen einer Prioritätenliste für jede Woche und das Zeitmanagement im Tagesgeschäft. Dabei sollen alle vier Bereiche (vgl. Abb. 9) stets Berücksichtigung finden.

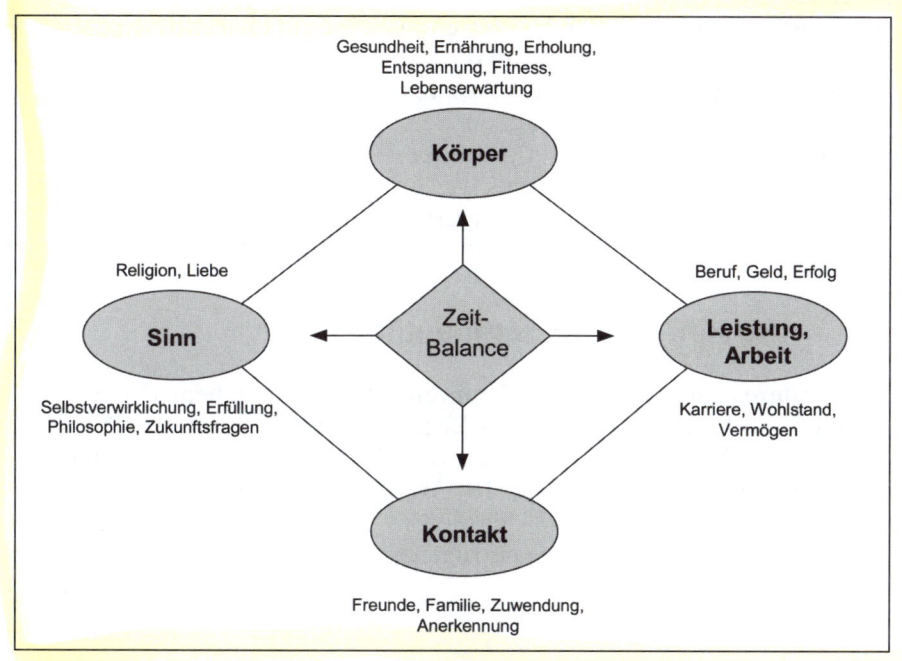

Abbildung 9:
Das Zeit-Balance-Modell nach Seiwert (2006)

Starke Parallelen weist das Modell von Seiwert (2006) zu dem sogenannten Balance-Modell (Peseschkian, 2002) auf, das tiefenpsychologisch fundiert ist und als „Herzstück" der positiven Psychotherapie gilt. Nach Peseschkian (2002) ist anhaltende geistige und körperliche Gesundheit nur durch ein Gleichgewicht in den vier Bereichen Körper/Sinne, Leistung/Beruf, Kontakte/Partnerschaft und Sinn/Zukunft zu erreichen. Psychosomatische Beschwerden werden auf eine unausgewogene Energieverteilung innerhalb der vier Bereiche zurückgeführt. Daher wird empfohlen, die vier Bereiche im Gleichgewicht zu halten, was bspw. durch die Gleichverteilung der investierten Zeit für jeden Bereich geschehen kann. Der Einsatz dieses Modells führte beispielsweise in Bezug auf das Stressmanagement zu großen Erfolgen (Peseschkian, 2002).

Psycho-
somatische
Beschwerden
als Folge einer
unausgewo-
genen Energie-
verteilung

27

Work-Life-Balance als Frage der Zeitverteilung
Das „Zeit-Balance-Modell" von Seiwert (2003) sowie das „Balance-Modell" von Peseschkian (2002) thematisieren die Zeitverteilung in verschiedenen Lebensbereichen und gehen in ihrer Konzeption über die Dualität der Bereiche „Work" und „Life" hinaus. Beide Modelle berufen sich auf die jahrelange Erfahrung der Autoren; die Plausibilität der Modelle ist jedoch seitens der Autoren empirisch nicht überprüft worden. In einer Studie von Klein, König und Kleinmann (2003), in der ein Selbstmanagementtraining nach dem Ansatz von Seiwert mit einem Training verglichen wurde, welches auf dem Selbstregulationsmodell von Kanfer (1987) beruht, konnte eindeutig die Überlegenheit des klinisch orientierten Ansatzes von Kanfer nachgewiesen werden – sowohl hinsichtlich kurzfristiger als auch langfristiger Effekte.

2.3 Die fünf Säulen der Identität

Lebensbereiche als Aspekte der Identität

Ein weiteres relevantes Modell mit eher therapeutischem Hintergrund stammt von Petzold (2002), dem Begründer der Integrativen Therapie. Petzold (2002) geht davon aus, dass die Identität des Menschen von fünf Säulen getragen wird (vgl. Abb. 10). Wenn eine oder mehrere Säulen nur schwach ausgeprägt sind, gerät der Mensch in eine Krisensituation. Um mit diesem Zustand der Disbalance umzugehen, ist es wichtig, sich seiner Werte

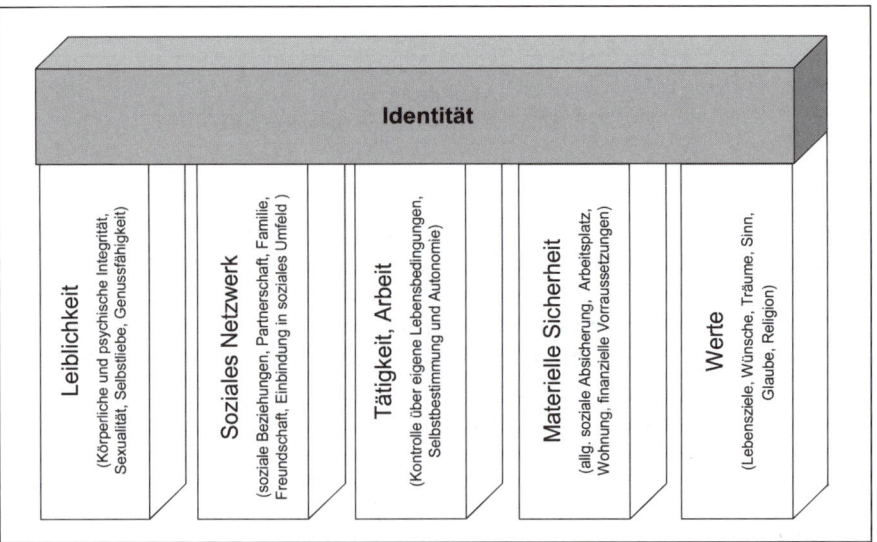

Abbildung 10:
Das Säulenmodell der Identität nach Petzold (modifiziert nach Petzold & Orth, 1994)

innerhalb der fünf Säulen bewusst zu werden und schwächer ausgeprägte Dimensionen mittels gezielter Strategien aufzubauen bzw. zu stärken.

Identität ist eine einzigartige Persönlichkeitsstruktur und kann als die Gesamtheit des Selbstbildes definiert werden. Identität ist ein relativ stabiles Konzept, das jedoch einer lebenslangen Entwicklung und Modifikation unterliegt und sich bspw. im Auftreten, Mimik, Sprache und dem Glauben an sich selbst zeigt. Ausgangsbasis für Interventionen ist immer die Gesamtheit aller Säulen. Die gesonderte Betrachtung eines Aspekts könnte zu einer Disbalance führen, durch die eine oder mehrere Säulen „wegbrechen" und andere nicht ausreichend stützend wirken können. Die genaue Ausgestaltung der fünf Säulen ist bei jedem anders und bildet die Basis für die Identifizierung eigener Ressourcen.

Work-Life-Balance und Identität

Mit Hilfe des 5-Säulen-Modells von Petzold (2002) können verschiedene Identitätsbereiche betrachtet, vorhandene Ressourcen und Belastungen identifiziert und Zielformulierungen vorgenommen werden. Disbalancen werden auf eine zu starke Fokussierung auf einzelne Identitätsaspekte und Vernachlässigung anderer zurückgeführt. Allerdings liegen auch zu diesem Modell keine empirischen Erkenntnisse vor.

2.4 Das Wellness-Modell

Hettler gilt als einer der Pioniere der Wellness-Bewegung. Ihm zufolge ist Wellness „an active process through which people become aware of and make choices towards a more successful existence" (Hettler, 1980, S. 78). Somit stellt Wellness einen positiven Zugang zum Leben dar, der durch unterschiedliche Basis-Dimensionen beeinflusst wird.

Diese sechs Dimensionen fasste er 1976 in seinem *„Six Dimensions of Wellness Model"* zusammen. Zur Erhebung der individuellen Ausprägung dient der vom ihm entwickelte „Lifestyle Assessment Questionaire" (LAQ, Hettler, 1980). Zufriedenheit entsteht demnach nur dann, wenn alle sechs Bereiche Berücksichtigung finden und ausbalanciert sind (vgl. Abb. 11).

Die *intellektuelle Dimension* misst den Grad, in dem sich eine Person mit kreativen und stimulierenden mentalen Aktivitäten beschäftigt. Eine Person mit einer hohen Ausprägung dieser Dimension nutzt ihre Ressourcen, um die eigenen Kenntnisse und Fähigkeiten zu erweitern, und teilt zudem ihr Wissen mit anderen. **Intellektuelle Dimension**

Die *emotionale Dimension* beschreibt das Ausmaß, in dem sich die Person ihrer eigenen Gefühle bewusst ist und diese akzeptiert. Hierzu gehört die **Emotionale Dimension**

29

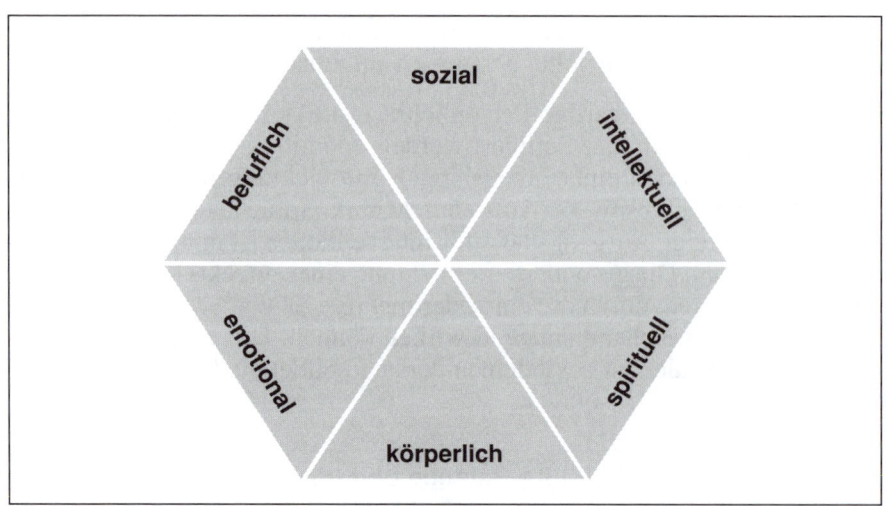

Abbildung 11:
Das Wellness-Modell von Hettler (1980)

positive Beurteilung des eigenen Lebens. Ein weiterer relevanter Aspekt besteht darin zu reflektieren, ob jemand in der Lage ist, seine Gefühle und das damit verbundene Verhalten zu kontrollieren, was auch das Erkennen eigener Grenzen mit einschließt. Der angemessene Umgang mit Stress rundet diese Dimension ab.

Physische Dimension
Die *physische Dimension* thematisiert, inwieweit eine Person über ein gesundes Herz-Kreislauf-System verfügt. Unter diese Dimension fällt auch die Fähigkeit, Krankheiten früh zu erkennen bzw. sie im Vorfeld zu verhindern, sowie eine gesunde Ernährung, regelmäßige Bewegung und die Vermeidung gesundheitsschädlicher Substanzen.

Soziale Dimension
Die *soziale Dimension* beschreibt das Ausmaß, in dem jemand Verantwortung gegenüber anderen Menschen und der Umwelt übernimmt. Darüber hinaus spielen Aspekte der wechselseitigen Abhängigkeit der eigenen Person von der Umwelt und der Familie/des Freundeskreises eine wichtige Rolle.

Berufliche Dimension
Die *berufliche Dimension* thematisiert die Zufriedenheit, die eine Person aus ihrer beruflichen Tätigkeit schöpft, sowie das Ausmaß, in dem sie sich dadurch bereichert fühlt. Eine balancierte Person ist in der Lage, die eigenen Fähigkeiten und Talente einzubringen und empfindet ihre Tätigkeit als sinnvoll und belohnend.

Spirituelle Dimension
Die *spirituelle Dimension* befasst sich mit der Frage nach dem Sinn des Lebens. Interessant ist bspw., wie viel Zeit jemand damit verbringt, über den Sinn des Lebens nachzudenken und welche Wertschätzung er dem

Leben, der Natur und spirituellen Aspekten entgegenbringt. Personen mit einer hohen Ausprägung der spirituellen Dimension reflektieren eigene Glaubenssätze und Werte fortwährend. Das Ziel besteht darin, eine Übereinstimmung von eigenen Werten und eigenem Handeln zu erzielen.

Kritische Würdigung des Wellness-Modells

Das von Hettler (1980) aufgestellte Modell mit den sechs Bereichen greift ein breites Spektrum ab und verfolgt einen ganzheitlichen Ansatz. Der Autor beruft sich in seinen Erklärungen zumeist auf philosophische Quellen. Bei der Konstruktion der Dimensionen ist aber weder theoretisches noch empirisches Material zu Rate gezogen worden. Bislang ist dieses Modell nicht wissenschaftlich überprüft worden, wodurch keine Aussagen über die Beziehungen zwischen den Dimensionen sowie generell über die Wirkmechanismen innerhalb des Modells getätigt werden können. Da das Modell aber grundlegende Bereiche der Work-Life-Balance erfasst, wurde es bei dem in Kapitel 2.6 beschriebenen Bochumer Modell der Work-Life-Balance als Grundkonzeption aufgegriffen.

2.5 Dynamisches Work-Life-Balance Modell

Das Modell von Kastner (2004) legt den Fokus auf eine ganzheitliche dynamische Betrachtung und den langfristigen Erhalt der Gesundheit. Im Unterschied zu den zuvor skizzierten Modellen liefert der Ansatz von Kastner (2004) Hinweise auf die Dynamik und Wechselwirkung zwischen personalen, situativen und organisationalen Faktoren (vgl. Abb. 12).

Demnach liegt die Kunst darin, den Balanceakt zwischen den Anforderungen/Belastungen einerseits und den Ressourcen auf der anderen Seite sicherzustellen. Für einen optimalen Balanceprozess sind funktionale Belastungs- und Beanspruchungsprofile entscheidend. Gemäß *Antonowskys Modell der Salutogenese* (vgl. Bengel, Strittmacher & Willmann, 2001) ist hierbei das passende Verhältnis zwischen Anforderungen bzw. Belastungsfaktoren und vorhandenen Ressourcen entscheidend. So können kurzfristige Belastungsspitzen abgefangen werden, wenn genug unterschiedliche Ressourcen verfügbar sind. Wichtig ist dabei, entgegen dem üblichen Sprachgebrauch, Belastungen/Anforderungen und Ressourcen wertfrei zu definieren. Ein gewisses Maß an Belastungen ist nötig, um Ressourcen aufzubauen. Auf der anderen Seite sind Ressourcen notwendig, um Anforderungen zu bewältigen. Die Antagonisten müssen also synergetisch zusammenspielen (Kastner, 2004). Der „Wipp-Prozess" ist so zu verstehen, dass durch das Wippen verhindert wird, das eine der beiden Seiten nach unten absinkt. Ein Absinken auf der linken Seite resultiert in Überforderung – ein Absinken auf der

Ausgewogenes Verhältnis von Belastungen und Ressourcen

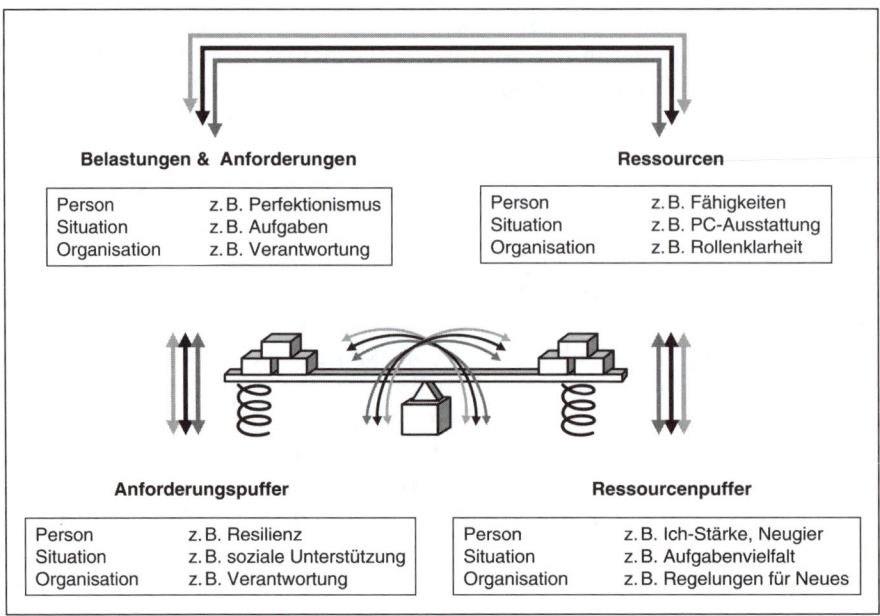

Belastungen & Anforderungen

Person	z.B. Perfektionismus
Situation	z.B. Aufgaben
Organisation	z.B. Verantwortung

Ressourcen

Person	z.B. Fähigkeiten
Situation	z.B. PC-Ausstattung
Organisation	z.B. Rollenklarheit

Anforderungspuffer

Person	z.B. Resilienz
Situation	z.B. soziale Unterstützung
Organisation	z.B. Verantwortung

Ressourcenpuffer

Person	z.B. Ich-Stärke, Neugier
Situation	z.B. Aufgabenvielfalt
Organisation	z.B. Regelungen für Neues

Abbildung 12:
Das Wippenmodell als Metapher für die Work-Life-Balance
(modifiziert nach Kastner, 2004, S. 38)

rechten Seite resultiert in Unterforderung. Um ein solches Absinken zu verhindern, verfügt der Mensch über Anforderungspuffer und Ressourcenpuffer.

Auf- und Abschaukelungsprozesse

Work-Life-Balance ist für Kastner (2004) ein dynamischer Prozess, der aus langfristigen und kurzfristigen balancierenden Maßnahmen bzw. Teilprozessen besteht. Ein besonderes Augenmerk liegt dabei auf den Aufschaukelungs- und Abschaukelungsprozessen. Aufschaukelungsprozesse entstehen infolge einer positiven Rückkoppelung, d. h. die Zunahme einer Größe (z. B. Zeitmangel) führt dazu, dass eine andere Größe ebenfalls zunimmt (z. B. Stress). Bei Abschaukelungsprozessen hingegen führt die Abnahme einer Größe zur Abnahme einer anderen Größe. Kastner empfiehlt zum weiteren Verständnis, die Wipp-Metapher aufzurüsten im Sinne eines „Work-Life-Balance Spezialrads".

Das Bild des Einrads soll verdeutlichen, dass Personen durch balancierende Bewegungen (Wippbewegung) Belastungen/Anforderungen, Ressourcen sowie Anforderungs- und Ressourcenpuffer ausgleichen müssen. Zugleich wird klar, dass man nicht einfach stehen bleiben kann – dies würde zu einem Sturz führen – da nur derjenige, der sich bewegt, eine Dynamik entwickelt und so sicherstellt, dass er an Stabilität gewinnt. Die Gefahr ist, dass bei unpassender Geschwindigkeit ein Ungleichgewicht nicht mehr ausbalanciert werden kann.

32

Abbildung 13:
Work-Life-Balance Spezialfahrrad (modifiziert nach Kastner, 2004, S. 45)

Work-Life-Balance als dynamischer Prozess

Kastner (2004) definiert Work-Life-Balance als einen balancierenden Prozess, der einen Ausgleich zwischen Anforderungen und Ressourcen sicherstellen soll. Damit unterscheidet sich dieses Modell von anderen eher „homöostatisch" orientierten Konzepten der Gesundheit (vgl. Riman & Udris, 1997; Ayan, 2006), in denen Gesundheit als ein Gleichgewichtsprozess innerhalb einer Person und zwischen Person und Umwelt beschrieben wird. Bei Kastner (2004) haben pathogene Balanceprozesse auch pathogene Zustandsprozesse zur Folge, die sich in Über- sowie Unterforderung oder auch in Burnout-Symptomen zeigen können.

2.6 Der Bochumer Ansatz zu beruflich relevanten Lebenskonzepten

Um ein breites Spektrum an Einflussfaktoren abzudecken und einen ganzheitlichen Ansatz zu gewährleisten, lehnt sich die Grundkonzeption des Bochumer Modells an den Ansatz von Hettler (1980) an. Dabei wurden die Hettlerschen Dimensionen mit psychologischen Theorien unterlegt und weiter differenziert, so dass in allen Bereichen über die ursprüngliche Konzeption hinausgegangen wurde. Im Folgenden werden einige ausgewählte Theorien und Studien aufgeführt, die Basis für die Operationalisierung der Bereiche und Skalen waren:

– Zur Definition des „beruflichen Bereichs" wurden unter anderem das Job Characteristics Model (Hackman & Oldham, 1975), das Charakteristika der Arbeit beschreibt und das Person-Job-Fit-Modell (Holland, 1973), das Aussagen zur idealen Passung von Personen und Positionen beinhaltet, herangezogen.

- In den „sozialen Bereich" flossen die Bedeutung sozialer Kontakte (Berkman & Syme, 1979), die Bedeutung von Freizeit (Opaschowski, 1983; Streich, 1994), die Equity-Theorie (welche auf die Bedeutung von Gerechtigkeitsaspekten in Beziehungen verweist, vgl. Walster, Walster & Berscheid, 1978) sowie Forschungsergebnisse zu Voraussetzungen für glückliche Liebesbeziehungen bzw. für ein glückliches Single-Dasein (Bierhoff & Rohmann, 2005; Küpper, 2000) ein.
- Die Operationalisierung des „Wertebereichs" beruht u. a. auf der Bedeutung von Sinn für Individuen (Gräb, 2002; von Rosenstiel, 2000). Darüber hinaus wurde die „Wertezwiebel" (Fishbein & Ajzen, 1975), die den Zusammenhang von Werten, Einstellungen und Verhalten definiert, mit einbezogen.
- Als Basis für den „physischen Bereich" wurden u. a. Aspekte eines ganzheitlichen, ressourcenorientierten Ansatzes von Gesundheit (Zimolong, 1998) sowie das Stressmanagement-Konzept von Kaluza (2003) herangezogen.
- Der „emotionale Bereich" fußt auf der Funktion von Emotionen (Ekman, 1984) und den Modellen zur Emotionalen Intelligenz (Salvey & Mayer, 1990; Goleman, 1999).
- Bei der Konzeption des „intellektuellen Bereichs" wurde auf die Flow-Theorie (Csikszentmihalyi, 2007), die das völlige Aufgehen in einer Aufgabe formuliert, zurückgegriffen sowie auf die Relevanz von spezifischer Neugier – eines Interesses, dass sich auf ein ganz bestimmtes Objekt oder eine Tätigkeit bezieht (Schneider & Schmalt, 2000).

Relevanz von Persönlichkeitseigenschaften für die Work-Life-Balance

Die Grundannahme des Modells ist, dass ein Zusammenspiel der Bereiche und Skalen die allgemeine Lebenszufriedenheit determiniert. Das Bochumer Modell zeichnet sich darüber hinaus dadurch aus, dass ein völlig neuer Aspekt integriert wurde – Persönlichkeitsskalen. Diese wurden von anderen Modellen bisher nicht berücksichtigt. Das Modell von Kastner (2004) kann als erster Ansatz in Richtung der Bedeutsamkeit von Persönlichkeitseigenschaften gewertet werden, da er Resilienz als Anforderungspuffer einführt. Allerdings wird der Persönlichkeitskomponente keine zentrale Rolle zugewiesen. Dies erscheint überraschend, da Eigenschaften wie Resilienz, Optimismus, Selbstbewusstsein und Stressresistenz (Kastner, 2004), Extraversion, Selbstwirksamkeit und Neurotizismus (Litzcke & Schuh, 2007) immer wieder im Zusammenhang mit dem Umgang mit Belastungen genannt werden. Dabei scheint der Zusammenhang bei genauer Betrachtung auch intuitiv auf der Hand zu liegen – insbesondere, wenn man die allgemeinen Wirkmechanismen von Persönlichkeit im Stresskontext betrachtet (Westring & Ryan, 2007):

- In Abhängigkeit von ihrer Persönlichkeit suchen Individuen herausfordernde oder leicht zu kontrollierende Umwelten auf.
- Individuen nehmen abhängig von ihrer Persönlichkeit dieselbe Situation unterschiedlich wahr und reagieren auf diese unterschiedlich.

34

– In Abhängigkeit von ihren Persönlichkeitseigenschaften bevorzugen Personen bestimmte Coping-Strategien und setzen diese mehr oder weniger erfolgreich um.
– Persönlichkeit beeinflusst die Einstellungsbildung und wirkt sich auf diesem Weg auch auf die Wahrnehmung und den Umgang mit Work-Life-Balance Konflikten aus.

Diesem Argumentationsstrang folgend, wurde im Bochumer Modell der Persönlichkeit nicht nur eine beeinflussende Komponente zugesprochen, sondern sie dient auch als Ansatzpunkt für präventive Maßnahmen und Interventionen.

Das Bochumer Modell definiert vier Persönlichkeitsskalen, die Einfluss auf die Work-Life-Balance haben:
– Optimismus
– Selbstreflexion
– Stressresistenz und
– Selbstwirksamkeit.

Die folgende Abbildung gibt einen Überblick über das Bochumer Modell. In Kapitel 3 wird der Fragebogen, der auf diesem Modell beruht (das *Bochumer Inventar zu beruflich relevanten Lebenskonzepten*, Collatz & Gudat, 2011) genauer beschrieben.

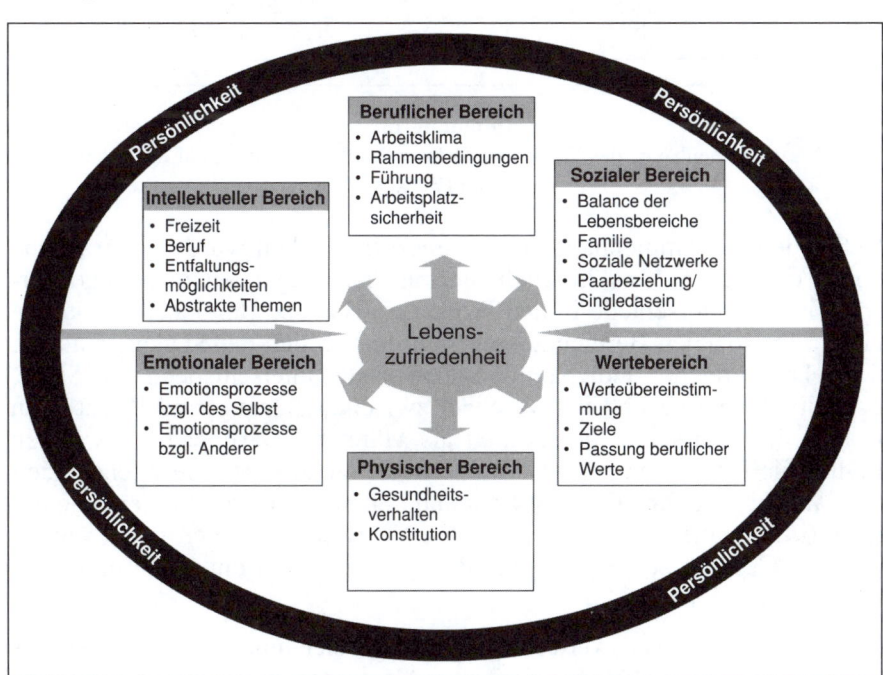

Abbildung 14:
Das Bochumer Modell zu beruflich relevanten Lebenskonzepten

Zusammenhang
der sechs Work-
Life-Balance
Bereiche zur
Lebens-
zufriedenheit

Die sechs Bereiche wurden hinsichtlich ihres Zusammenhangs zur allgemeinen Lebenszufriedenheit untersucht, die anhand eines Globalitems
erhoben wurde (Becker, 2008). Anhand von Regressionsanalysen konnte
nachgewiesen werden, dass die sechs Bereiche in bedeutsamer Höhe die
allgemeine Lebenszufriedenheit vorhersagen (Varianzaufklärung knapp
50 Prozent). Die Zusammenhänge zur Lebenszufriedenheit werden in Abbildung 15 veranschaulicht.

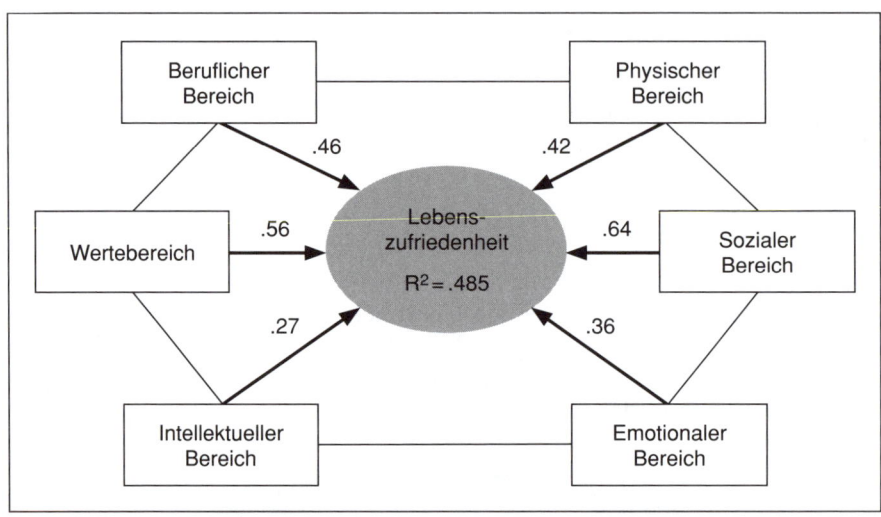

Abbildung 15:
Wirkzusammenhänge des Work-Life-Balance Modells in Bezug auf die Lebenszufriedenheit (Becker, 2008)

Neben dem Zusammenhang zur Lebenszufriedenheit wurde in der Studie
von Becker (2008, N = 435) auch der Frage nachgegangen, ob sich gender-
spezifische Unterschiede in den Work-Life-Balance Bereichen feststellen
lassen. Im sozialen Bereich zeigen sich hinsichtlich der Skalen „Balance
der Lebensbereiche" und „Familie" signifikante Unterschiede in dem Sinne,
dass die Trennung und der Wechsel zwischen Berufs- und Privatleben
Frauen deutlich schlechter gelingt als Männern. Darüber hinaus stufen
Frauen die Familie weniger als Ressource ein und sehen diese tendenziell
eher als Ursache für Stress. Auf der anderen Seite erleben Frauen eine höhere Zufriedenheit mit ihren „sozialen Netzwerken". Auch fällt es ihnen
leichter, Gefühle zu zeigen, über diese zu sprechen und mit Emotionen
anderer umzugehen.

Ein weiteres bemerkenswertes Ergebnis zeigte sich hinsichtlich des Verlaufs
der Zufriedenheit in Abhängigkeit vom Alter. Auffällig ist, dass die Gruppe
der 36–40-Jährigen fast durchgängig auf allen Skalen die geringsten Zu-
friedenheitswerte aufweist. Ursachen hierfür lassen sich in den besonderen

Lebensumständen der Altersgruppe finden, da in dieser Phase häufig ein erstes Lebensresümee hinsichtlich der beruflichen und familiären Situation gezogen wird. Es ist eine Phase, in der die Themen Karriere und Familie auf dem Prüfstand stehen, denn hier können und müssen Weichen für den weiteren Karriereweg gestellt werden.

In Ergänzung zu den bereits dargestellten Ergebnissen konnte Mutwill (2010) nachweisen, dass zwischen den Persönlichkeitsskalen Optimismus, Selbstreflexion, Stressresistenz und Selbstwirksamkeit und den Work-Life-Balance Dimensionen zahlreiche signifikante Zusammenhänge bestehen, wobei der Skala Optimismus hierbei eine prominente Rolle zukommt. Besonders deutlich zeigt sich die hohe Relevanz der Persönlichkeitsskalen für den Wertebereich des Bochumer Work-Life-Balance Modells, die in einer Varianzaufklärung von 48,7 Prozent zum Ausdruck kommt. Inwieweit Menschen sich ihrer eigenen Werte bewusst sind und mit ihnen im Einklang leben, wird somit im beachtlichen Ausmaß durch Persönlichkeitseigenschaften bestimmt. Die skizzierten Ergebnisse geben Hinweise auf die Validität des Modells und betonen den Einfluss der Persönlichkeit auf die Work-Life-Balance.

**Beruflich relevante Lebenskonzepte –
ein erweitertes Work-Life-Balance Modell**

Das Bochumer Modell zu beruflich relevanten Lebenskonzepten (Collatz & Gudat, 2011) bietet Anhaltspunkte, um sich umfangreich mit eigenen Belastungen und Ressourcen auseinanderzusetzen. Dabei kann einerseits geschaut werden, ob Belastungen reduziert oder Ressourcen aufgebaut werden können. Die Einbindung der Persönlichkeitsskalen bietet darüber hinaus die Option, zusätzliche Einflussfaktoren auf individueller Ebene zu berücksichtigen. Das Modell wurde durch Forschungsergebnisse unterlegt und weist eine breite wissenschaftliche Basis auf.

---

3 Analyse und Maßnahmenempfehlung

3.1 Rahmenbedingungen für die Implementierung von Work-Life-Balance Maßnahmen

Der erste Schritt zur Integration von Work-Life-Balance Maßnahmen im betrieblichen Kontext besteht in der Etablierung einer Projektgruppe, die sich operativ mit den notwendigen Schritten auseinandersetzt, sowie der Festlegung eines Lenkungskreises, der die Einbettung der Maßnahmen in

Einbeziehung verschiedener Interessengruppen

37

die Unternehmensstrategie sicherstellt. Die Frage, welche Akteure in der Projektgruppe sowie im Lenkungskreis vertreten sein sollen, muss sorgfältig geprüft werden. Bei der Etablierung von Work-Life-Balance Maßnahmen handelt es sich um strategische Fragen der Unternehmensausrichtung und der Gestaltung der Unternehmenskultur, insofern sollten die relevanten Akteure und Interessengruppen des Unternehmens möglichst früh eingebunden werden. Dies betrifft insbesondere auch die Einbeziehung von Vertretern des Betriebs- bzw. Personalrats und der höheren Management-Ebenen. In Anlehnung an die von Trost, Jöns und Bungard (1999) skizzierte Projektorganisation sollte ein Projekt zur Etablierung von Work-Life-Balance Maßnahmen aus den in Abbildung 16 benannten Akteuren bestehen.

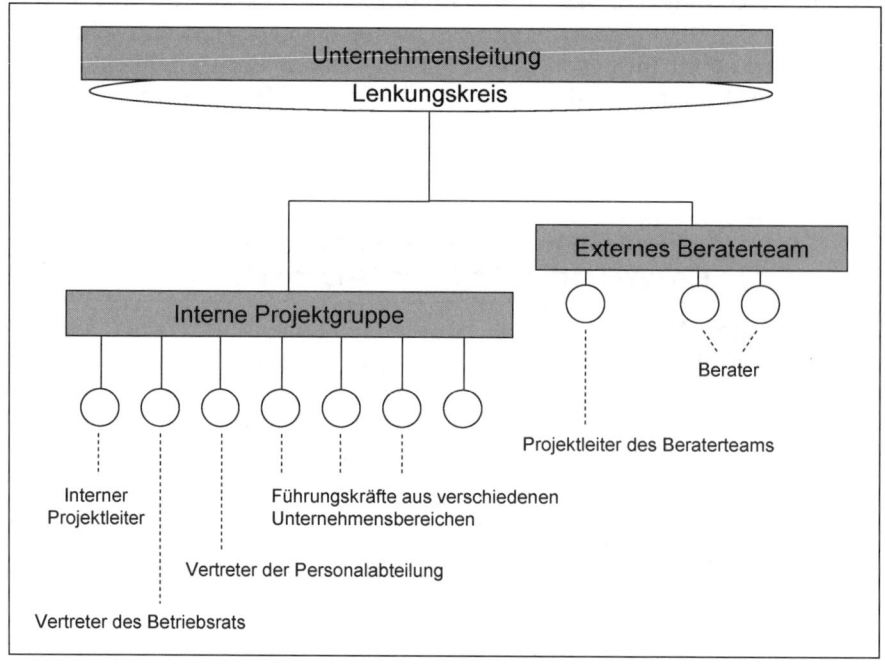

Abbildung 16:
Projektorganisation (nach Trost et al. 1999, S. 41)

Obwohl die Durchführung von Work-Life-Balance Projekten auch ohne das Hinzuziehen externer Berater realisiert werden kann, hat deren Einbeziehung einige Vorteile. Externe Berater mit Erfahrungen in der Durchführung von Work-Life-Balance Maßnahmen bringen weiterführendes Know-how mit ein, das wertvolle Impulse für die Gestaltung des Implementierungsprozesses sowie der Ausrichtung der Maßnahmen liefern kann. Darüber hinaus können bestimmte Teilschritte (z. B. die Durchführung einer Mitarbeiterbefragung) oder Folgeprozesse (Durchführung von Trainings oder

38

Coachings) an den externen Projektpartner delegiert werden. Dies ist deshalb wichtig, weil das Thema Work-Life-Balance stets auch einen Grenzbereich zwischen beruflichen und privaten Themen betrifft, wobei letztere möglicherweise nicht offen thematisiert werden, wenn der Mitarbeiter einem Vertreter des Unternehmens gegenübersitzt. In der Regel werden Work-Life-Balance Maßnahmen im Personalbereich oder im Bereich des Gesundheitsmanagements angesiedelt. Abbildung 16 veranschaulicht jedoch, dass die Projektgruppe nicht ausschließlich auf Vertreter der strategischen Bereiche reduziert werden sollte. Erfahrungen aus der Praxis zeigen, dass häufig gerade die Einbeziehung der operativen Bereiche zum erfolgskritischen Faktor wird, da die Führungskräfte quasi Stellhebel für die Etablierung und Umsetzung der Maßnahmen sind. Führungskräfte, die für die Bedeutsamkeit dieses Themas sensibilisiert wurden, können zu Multiplikatoren werden, indem sie im Rahmen von Mitarbeitergesprächen oder Abteilungsbesprechungen dieses Thema fokussieren. Dies ist umso wahrscheinlicher, je früher die Führungskräfte in den Prozess mit einbezogen werden und je deutlicher der Nutzen von Work-Life-Balance Maßnahmen kommuniziert wird. Neben der Bildung einer Projektgruppe und des Steuerungsgremiums (Lenkungskreis) liegt der Schwerpunkt in der ersten Phase auf der Festlegung der Ziele, die durch das Projekt verfolgt werden. Diese können aus einer Optimierung der Vereinbarkeit von Beruf und Familie (z. B. durch eine Flexibilisierung der Arbeitszeit), einer Erhöhung der Mitarbeiterbindung, einer Individualisierung der Karriereplanung oder der Etablierung von Gesundheitsprogrammen bestehen (siehe auch Kapitel 4). Mit der Definition der Ziele des Work-Life-Balance Projektes werden Grundlagen für spätere Evaluationsprozesse gelegt, denn die Diskussion der Ziele umfasst in der Regel auch die Betrachtung der zu optimierenden Parameter bzw. die Ableitung von Kennzahlen. Darüber hinaus wird der Rahmen abgesteckt, in dem Veränderungen möglich scheinen. Der erste Projektschritt besteht somit darin, das zum Unternehmen passende Veränderungsfeld zu lokalisieren. Auf dieser Grundlage erfolgt die Erhebung von Basisinformationen, ggf. auch die gezielte Auswertung von Mitarbeiterdaten, um dadurch Bedarfsstrukturen (z. B. Kinderbetreuung) zu identifizieren. Erst dann kann abgeschätzt werden, welche betrieblichen Angebote sinnvoll sind, und der betriebswirtschaftliche Nutzen kann ermittelt werden (de Graat, 2007). Neben der statistischen Auswertung vorhandener Daten (z. B. durchschnittliche Dauer der Elternzeit, Kosten der Überbrückung von Freistellungszeiten, Kosten des Wiedereinstiegs oder der Neubesetzung von Positionen) besteht auch die Möglichkeit, Mitarbeiter bei der Bedarfserhebung direkt mit einzubeziehen, bspw. im Rahmen einer Mitarbeiterbefragung. Diese dient dazu, bestimmte Themenfelder gezielt anzusprechen und die Bereitschaft der Mitarbeiter zu ermitteln, sich an Maßnahmen (Kinderbetreuung, Betriebssport, etc.) auch finanziell zu beteiligen. Diese Informationen können dann in die Abschätzung der Implementierungs- und Folgekosten einfließen.

Führungskräfte als Multiplikatoren

Festlegung der Ziele des Work-Life-Balance Projektes

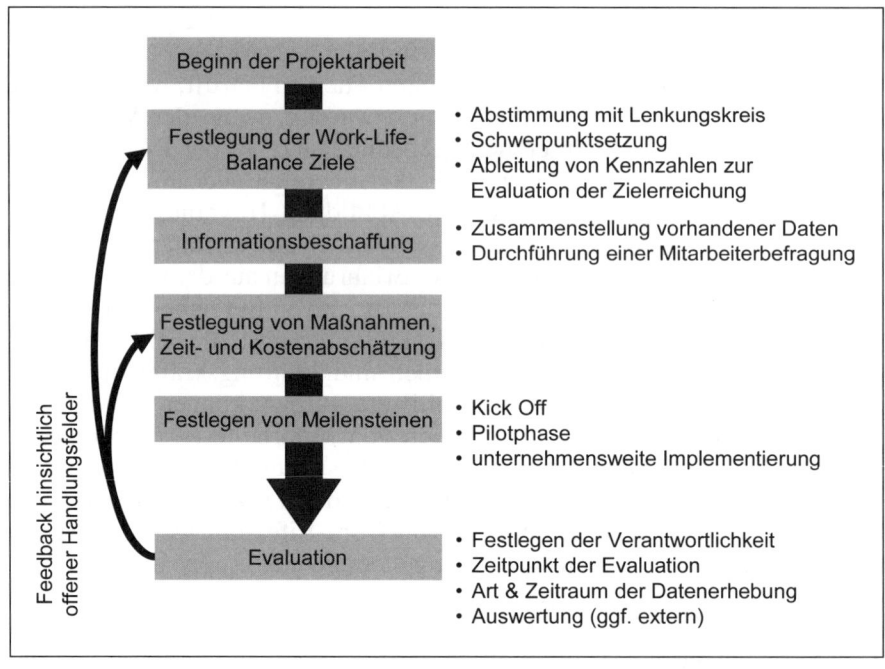

Abbildung 17:
Projektschritte bei der Einführung von Work-Life-Balance Maßnahmen

Um unternehmensspezifische Work-Life-Balance Maßnahmen über die Pilotphase hinaus dauerhaft im Unternehmen zu verankern, ist es wichtig, die Maßnahmen in eine generelle Work-Life-Balance Strategie einzubetten, zu dokumentieren und notwendige Rahmenbedingungen zu schaffen.

Tabelle 4:
Schritte zur Implementierung von Work-Life-Balance Maßnahmen
(in Anlehnung an Government of Western Australia, 2009)

Dokumentation der Work-Life-Balance Maßnahmen
– Dokumentation im Intranet – Information über interne Kommunikationsmedien (Mitarbeiterzeitung) – Information über die getroffenen Maßnahmen im Rahmen von Besprechungen – Festlegung von Verantwortlichkeiten
Unterstützung und Training der Führungskräfte
– Schaffung eines Bewusstseins für die zentrale Rolle der Führungskräfte bei der Implementierung der Maßnahmen – Informationsweitergabe bzgl. der Maßnahmen – Aufzeigen der Zugangswege zu den Maßnahmen – Training der Führungskräfte im Bereich Gesprächsführung

40

Tabelle 4 (Fortsetzung):
Schritte zur Implementierung von Work-Life-Balance Maßnahmen
(in Anlehnung an Government of Western Australia, 2009)

Regelmäßige Kommunikation der Maßnahmen sowie der Zugangswege
– Ansprechen von Work-Life-Balance Themen in Teambesprechungen – regelmäßige Erinnerung über interne Kommunikationswege (Mitarbeiterzeitung, E-Mail, Newsletter) – Einrichtung eines eigenen Bereichs für das Thema Work-Life-Balance im Intra- und Internet – Informationsbroschüre

3.2 Klärung der Ausgangssituation – Durchführung einer Mitarbeiterbefragung

Mitarbeiterbefragungen stellen eine Methode dar, um aktuelle Handlungs-felder strukturiert zu erfassen und auf diesem Weg einen Überblick über die wahrgenommene Situation im Unternehmen zu erhalten. Mitarbeiterbefra-gungen sind schriftliche, im Unternehmenskontext eingesetzte und anonym durchgeführte Befragungen der Belegschaft (Müller, Bungard & Jöns, 2007). In der Regel erfolgen sie mithilfe eines standardisierten Fragebogens, der den Mitarbeitern entweder in schriftlicher oder elektronischer Form zur Verfü-

Definition von Mitarbeiter-befragungen

Tabelle 5:
Diagnostische und Interventionsfunktionen von Mitarbeiterbefragungen
(Müller et al., 2007)

Diagnostische Funktion
Analysefunktion (vor Veränderungsprozessen) – Information über die Situation im Unternehmen (z. B. Arbeitszufriedenheit, Betriebs-klima, Führungsstil) – Stärken-Schwächen-Analyse (z. B. Personalpolitik, Informationspolitik) – Bestandsaufnahme und Bedarfsermittlung für konkrete Projekte (z. B. Gruppenarbeit, Umstrukturierung) – Analyse spezifischer Problemstellungen (z. B. Fehlzeiten, Qualitätsbewusstsein) **Evaluationsfunktion** (im Anschluss an Veränderungsprozesse) – Information über Veränderungen und Entwicklungen im Unternehmen – Beurteilung von Managementstrategien und -instrumenten – Beurteilung von konkreten Einzelmaßnahmen oder Gestaltungsobjekten
Interventionsfunktion
– Unternehmensweite Kommunikation (top-down und bottom-up) – Vermittlung der Unternehmens- bzw. Führungsphilosophie (bzw. -leitbildes) – Initiierung von Reflexions- und Austauschprozessen – Ableitung und Umsetzung von organisationalen Veränderungsprozessen auf Basis der Ergebnisse

gung gestellt wird. Anhand der Beantwortung der einzelnen Aussagen können Schlussfolgerungen bezüglich der betrieblichen Realität und ihr innewohnender Verbesserungspotenziale gezogen werden. Mitarbeiterbefragungen verfolgen zwei Ziele: Die Identifikation von Verbesserungspotenzialen (Diagnostik) und das Ableiten von Verbesserungsmaßnahmen (Intervention).

Darüber hinaus schaffen Mitarbeiterbefragungen auch gezielt ein Bewusstsein für bestimmte Fragestellungen, da sie Reflexionsprozesse anstoßen und Mitarbeiter für bestimmte Fragestellungen sensibilisieren (Jöns, 1997). Sofern Mitarbeiterbefragungen in einem regelmäßigen Turnus (z. B. im Abstand von zwei Jahren) durchgeführt werden, können Veränderungen gezielt verfolgt werden. Auf diesem Weg ist es möglich, den Effekt zwischenzeitlich durchgeführter Interventionsmaßnahmen zu evaluieren und zu quantifizieren. Die Inhalte von Mitarbeiterbefragungen variieren in Abhängigkeit von **Inhalte von** dem Fokus, der in der Befragung gelegt werden soll. Obwohl Fragestellun-**Mitarbeiter-** gen wie bspw. das Führungsverhalten, die Kommunikation innerhalb des **befragungen** Unternehmens sowie das Arbeitsklima innerhalb von Abteilungen/Teams vergleichsweise häufig aufgegriffen werden (s. Abb. 18), gibt es, sofern kein gemeinsames, standardisiertes Instrument herangezogen wird, kaum Mög-

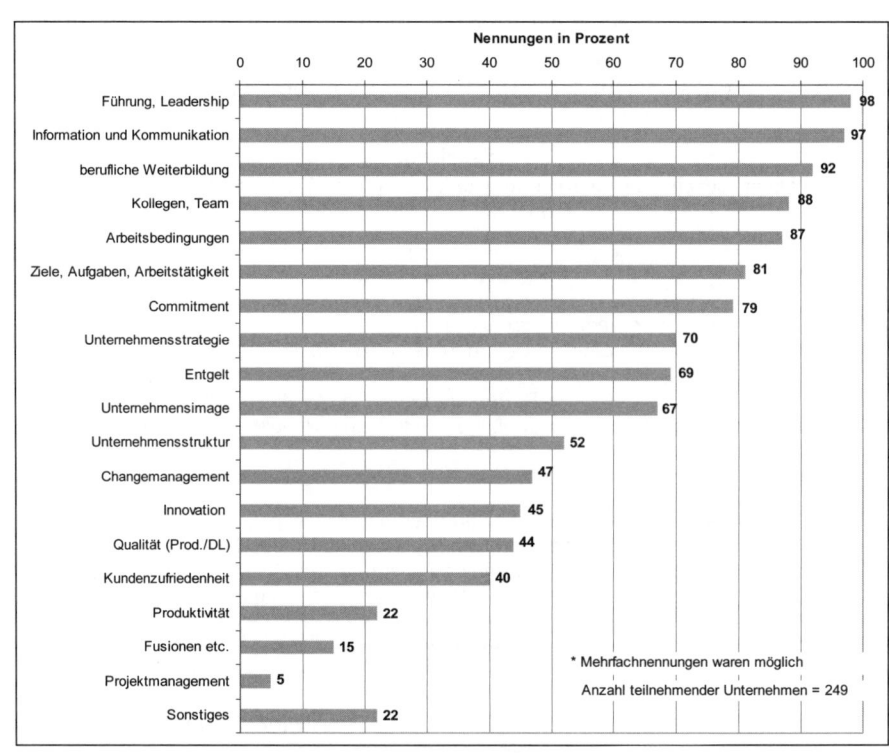

Abbildung 18:
Inhaltsbereiche von Mitarbeiterbefragungen (Hossiep & Frieg, 2008, S. 7)

lichkeiten, die Ergebnisse verschiedener Unternehmen zu vergleichen. Work-Life-Balance Aspekte werden häufig nur implizit erfasst, aber selten separat thematisiert. Einen Überblick über verschiedene Verfahren zur Erfassung der Work-Life-Balance gibt Kapitel 3.4.

Folgt man den Empfehlungen des Deutschen Gewerkschaftsbunds (Meissner, 2009, S. 12), sollten Befragungen mit dem Schwerpunkt Work-Life-Balance neben der Erfassung des Ist-Zustandes (bspw. Erfassung der Zufriedenheit mit den Arbeitsbedingungen) auch demografische Variablen (aktuelle Lebenssituation, Alter) und Handlungsfelder aus Sicht der Beschäftigten erfassen. Zusammenfassend ergeben sich dadurch folgende Themenbereiche von Befragungen zur Work-Life-Balance: Empfehlungen zum Aufbau der Befragung
– Statistische Analyse (Anzahl an Eltern, Pflegenden, Altersstruktur)
– Bedarf an konkreten Maßnahmen
– Situationsanalyse des Ist-Zustands (Zufriedenheit mit der Arbeitssituation)
– Erfassung vorhandener Angebote (ggf. auch Nutzungshäufigkeit)
– Wünsche und Erwartungen.

3.3　Rechtliche Rahmenbedingungen

Bei der Durchführung von Mitarbeiterbefragungen sind rechtliche Aspekte zu beachten, die die individuelle Ebene (Persönlichkeits- und Datenschutz) und die kollektivrechtliche Ebene (Beteiligungsrechte des Betriebsrats) betreffen. Auf individueller Ebene ist das Bundesdatenschutzgesetz relevant, das den Einzelnen davor schützen soll, durch die Erhebung personenbezogener Daten in seinem Persönlichkeitsrecht beeinträchtigt zu werden (§ 1 Abs. 1 BDSG). Die datenschutzrechtlichen Anforderungen gelten als erfüllt, wenn die Befragung vollkommen anonym durchgeführt wird, d. h., dass die Daten sich weder mittel- noch unmittelbar einer Person zuordnen lassen. Diese Forderung interferiert allerdings mit der o. g. Forderung des Deutschen Gewerkschaftsbunds (Meissner, 2009), der eine Erhebung soziodemografischer Merkmale für statistische Analysen empfiehlt. Obwohl die Erhebung soziodemografischer Angaben nützlich sein kann, um potenzielle Zielgruppen für Work-Life-Balance Maßnahmen zu lokalisieren, sollte bei der Auswahl der erhobenen Kriterien mit Bedacht vorgegangen werden, um die Anonymität der Befragung zu gewährleisten. Des Weiteren sollten separate Auswertungen für Untergruppen erst durchgeführt werden, sobald eine Mindestgruppengröße (mindestens 10 Personen, vgl. Jöns & Müller, 2007) gewährleistet ist. Auf diesem Weg wird die Akzeptanz der Befragung sichergestellt und mögliche Bedenken hinsichtlich negativer Konsequenzen aus der Teilnahme an der Befragung können ausgeräumt werden. Zur Sicherstellung der Einhaltung datenschutzrechtlicher Forderungen bietet es sich an, (sofern vorhanden) den Datenschutzbeauftragten früh in den Planungsprozess mit einzubeziehen. Darüber hinaus muss eine Entscheidung getrof- Bundesdatenschutzgesetz Maßnahmen zur Gewährleistung der Anonymität fen werden, ob die Befragung unternehmensintern durchgeführt und ausgewertet werden soll oder ob man sich in dieser Frage durch Externe unterstützen lässt. Letztere Option hätte zur Folge, dass die Verantwortlichkeit für die Einhaltung der Forderungen des Datenschutzes zum Teil auf den externen Dienstleister übergeht, da von Unternehmensseite kein Zugriff auf die Daten einzelner Personen besteht. In diesem Szenario erhält das Unternehmen erst nach Abschluss der Befragung Datenauswertungen in Form zusammenfassender Statistiken. Neben dem Themenkomplex Datenschutz sollte bei der

Betriebliche Mitbestimmung Durchführung von Mitarbeiterbefragungen auch die Mitbestimmung durch den Betriebsrat/Personalrat beachtet werden. Obwohl der Betriebsrat/Personalrat in Bezug auf die Durchführung einer Mitarbeiterbefragung kein Mitbestimmungsrecht hat, verfügt er über ein Informations- und Beratungsrecht (Betriebsverfassungsgesetz). Generell stellt die Etablierung von Work-Life-Balance Maßnahmen auch inhaltlich ein Thema dar, das für den Betriebs-/Personalrat von Interesse sein dürfte, geht es doch darum, Handlungsfelder im Unternehmen zu lokalisieren. Dies betrifft nicht nur die Durchführung einer Befragung zur Erhebung des Ist-Zustandes, sondern nachfolgend auch die Implementierung von Work-Life-Balance Maßnahmen.

Tabelle 6:
Gesetzliche Rahmenbedingungen, die für die Etablierung von Work-Life-Balance Maßnahmen relevant sind (in Anlehnung an Deutscher Gewerkschaftsbund, 2011)

Rechtsgrundlage	Inhalte mit Bezug zur Work-Life-Balance
Bundesgleichstellungs-gesetz (BGleiG)	– Verbesserung der Vereinbarkeit von Familie und Erwerbstätigkeit (§ 1) – Beschäftigten mit Familienpflichten muss die Teilnahme an Fortbildungen in geeigneter Weise ermöglicht werden; Frauen sind Fortbildungskurse anzubieten, die ihren Aufstieg erleichtern (§ 10) – Die Dienststelle hat Arbeitszeiten und sonstige Rahmenbedingungen anzubieten, die die Vereinbarkeit von Familie und Erwerbstätigkeit erleichtern (§ 12)
Allgemeines Gleichbehandlungsgesetz (AGG)	– familiengerechte Arbeitszeiten und Rahmenbedingungen (§ 12) – Förderung von Teilzeit, Telearbeit und familienbedingte Beurlaubung (§ 13 und 15) – Wechsel von Teilzeit nach Vollzeit, beruflicher Wiedereinstieg (§ 14)
Teilzeit- und Befristungsgesetz (TzBfG)	– Teilzeitbeschäftigte, die ihre Arbeitszeit verlängern möchten, sind bevorzugt bei der Besetzung einer geeigneten freien Stelle zu berücksichtigen (§ 9) – Teilzeitbeschäftigte sind über entsprechende Arbeitsplätze zu informieren (§ 7, Absatz 2 TzBfG) – Informationspflicht des Arbeitgebers bei der Schaffung oder Umgestaltung von Arbeitsplätzen (§ 7, Absatz 3) – Saison- und Jahresarbeitszeit (§ 8)

Tabelle 6 (Fortsetzung):
Gesetzliche Rahmenbedingungen, die für die Etablierung von Work-Life-Balance Maßnahmen relevant sind (in Anlehnung an Deutscher Gewerkschaftsbund, 2011)

Rechtsgrundlage	Inhalte mit Bezug zur Work-Life-Balance
Tarifverträge zur Familienfreundlichheit	– Freistellung aufgrund von Betreuungsaufgaben für Kinder oder Angehörige – Arbeitszeitflexibilisierung – Teilzeit – Telearbeit – Elternförderung – Ausgestaltung der Elternzeit – Weiterbildungsangebote während der Elternzeit – Vertretungseinsätze/Projektbeteiligungen während der Elternzeit – Kinderbetreuung – Sozial- bzw. Familienzulagen
Bundeserziehungsgeld-gesetz (BErzGG)	– gesetzlicher Anspruch auf Teilzeitbeschäftigung während der Elternzeit, sofern bestimmte Voraussetzungen erfüllt sind (§ 15, Absatz 4)
Betriebsverfassungs-gesetz (BetrVG)	– Beteiligungs- und Mitbestimmungsrechte für Betriebs- und Personalräte bei • der Umsetzung der Tarifverträge und • Betriebsvereinbarungen (§ 30, Absatz 1, Nr. 1) • Bestimmungen zur Arbeitszeit (§ 87, Absatz 1, Nr. 2) • vorübergehender Verkürzung/Verlängerung der Arbeitszeit (§ 87, Absatz 1, Nr. 3) • Urlaubsgrundsätzen (§ 87, Absatz 1, Nr. 5) • Teilzeitanträgen (§ 76, Abs. 1, Nr. 8)
Sozialgesetzbuch III	– Leistungen der aktiven Arbeitsförderung sollen die Lebensverhältnisse von Frauen und Männern berücksichtigen, die aufsichtsbedürftige Kinder betreuen, erziehen oder pflegebedürftige Angehörige betreuen bzw. nach dieser Zeit wieder in die Erwerbsarbeit zurückkehren wollen (§ 8)
Sozialgesetzbuch V	– Freistellung zur Betreuung kranker Kinder und Kranken-geld (§ 45) sowie Ausbau der Tagesbetreuung für Kinder
Sozialgesetzbuch VII	– vor Entscheidungen in Grundsatz- und Querschnittsauf-gaben, die sich auf die Vereinbarkeit von Familie und Erwerbsarbeit auswirken, wirkt die/der Gleichstellungs-beauftragte mit (§ 143)

3.4 Instrumente zur Erfassung der Work-Life-Balance

3.4.1 *Work-Life-Balance Monitor*

Der *Work-Life-Balance Monitor* wurde 2007 von Stock-Homburg und Bauer
(Stock-Homburg & Bauer, 2007) auf Basis einer Befragung von Topmanagern konzipiert, in den folgenden Jahren weiterentwickelt, ins Englische,

Dänische, Chinesische und Japanische übersetzt und in verschiedenen Kontexten angewandt (siehe u. a. Stock-Homburg & Roederer, 2009; Stock-Homburg & Tragelehn, 2011). Das Verfahren betrachtet die private und berufliche Situation und ermittelt Indikatoren, Ressourcen und Strategien zum Umgang mit Disbalancen. Eine gute Balance ist nach Stock-Homburg und Bauer (2007) durch minimalen Rollenkonflikt, hohe Zufriedenheit mit der Rollenerfüllung und eine Vermeidung dauerhafter Belastung gekennzeichnet. Folgen unzureichender Balance zeigen sich in körperlichen und psychischen Beeinträchtigungen, einer Abnahme der mentalen Leistungsfähigkeit und einem damit in Zusammenhang stehenden Rückgang der Arbeitsleistung.

Der Work-Life-Balance Monitor dient dazu, Manager bei der Identifikation von Handlungsfeldern zu unterstützen. Dabei werden Erkenntnisse aus der wissenschaftlichen Forschung und psychologische Modelle herangezogen.

Tabelle 7:
Kurzinformation über den Work-Life-Balance Monitor (Stock-Homburg & Bauer, 2007; Stock-Homburg, 2010)

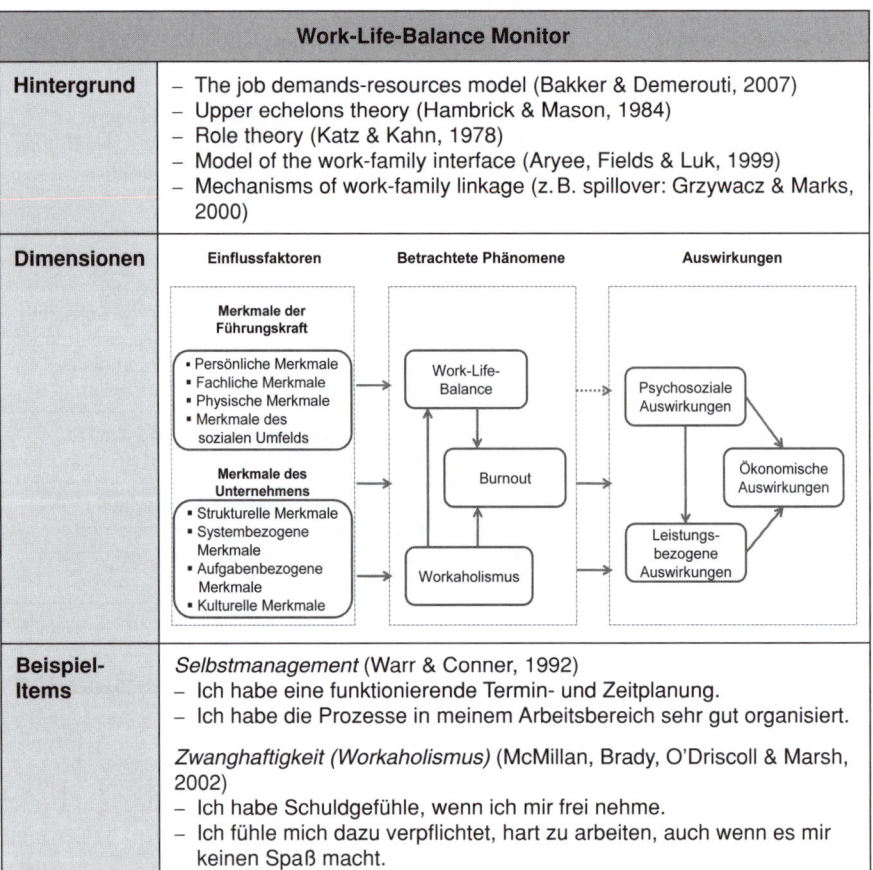

Work-Life-Balance Monitor	
Hintergrund	– The job demands-resources model (Bakker & Demerouti, 2007) – Upper echelons theory (Hambrick & Mason, 1984) – Role theory (Katz & Kahn, 1978) – Model of the work-family interface (Aryee, Fields & Luk, 1999) – Mechanisms of work-family linkage (z. B. spillover: Grzywacz & Marks, 2000)
Dimensionen	*[Abbildung: Einflussfaktoren – Betrachtete Phänomene – Auswirkungen]*
Beispiel-Items	*Selbstmanagement* (Warr & Conner, 1992) – Ich habe eine funktionierende Termin- und Zeitplanung. – Ich habe die Prozesse in meinem Arbeitsbereich sehr gut organisiert. *Zwanghaftigkeit (Workaholismus)* (McMillan, Brady, O'Driscoll & Marsh, 2002) – Ich habe Schuldgefühle, wenn ich mir frei nehme. – Ich fühle mich dazu verpflichtet, hart zu arbeiten, auch wenn es mir keinen Spaß macht.

Tabelle 7 (Fortsetzung):
Kurzinformation über den Work-Life-Balance Monitor (Stock-Homburg & Bauer, 2007;
Stock-Homburg, 2010)

Work-Life-Balance Monitor	
	Konflikte zwischen Arbeit und Familienleben (Netemeyer, Boles & McMurrian, 1996) – Die Anforderungen, die meine Arbeit an mich stellt, beeinträchtigen mein Privatleben. – Mein Familienleben beeinträchtigt die Erfüllung meiner beruflichen Pflichten. *Emotionale Erschöpfung* (Burnout, Maslach Burnout Inventory, General Survey, MBI-GS) (Maslach, Jackson & Leiter, 1996) – Ich fühle mich müde, wenn ich morgens aufstehe und den nächsten Arbeitstag vor mir habe. – Am Ende eines Arbeitstages fühle ich mich verbraucht. *Zufriedenheit mit der Arbeit* (Hackman & Oldham, 1975) – Alles in allem bin ich mit meinem Beruf sehr zufrieden. – Ich denke häufig darüber nach, den Beruf zu wechseln. *Psychische Gesundheit* (Evers, Frese & Cooper, 2000) – Neigen Sie dazu ruhelos und angespannt zu sein? – Fühlen Sie sich manchmal an einem gewöhnlichen Arbeitstag ohne ersichtlichen Grund unwohl? *Stellenwert der Arbeit* (Frone, Russell & Cooper, 1995) – Die meisten meiner Interessen beziehen sich auf meinen Beruf. – Mein Beruf macht mich zu einem großen Teil zu dem, was ich bin. *Zufriedenheit mit der Ausgewogenheit von Beruf und Familienleben* (Valcour, 2007) – Wie zufrieden sind Sie mit der Art und Weise, wie Sie Ihre Zeit zwischen Beruf und Privatleben aufteilen? – Wie zufrieden sind Sie mit Ihrer Fähigkeit, die Anforderungen Ihrer Arbeit mit denen Ihres Privatlebens zu vereinbaren?
Kennwerte	– Cronbachs Alpha der Dimensionen: .71 bis .93 – Absicherung der Skalenkonzeption mittels konfirmatorischer Faktorenanalysen (Faktorladung > 0.4)
Antwort-format	7-stufige Likert-Skala („stimme überhaupt nicht zu" bis „stimme völlig zu", „nie" bis „sehr oft" bzw. „sehr unzufrieden" bis „vollkommen zufrieden")
Referenz-stichprobe	290 Manager, bei 85% liegen zusätzlich Daten der Lebenspartner vor
Umfang des Frage-bogens	abhängig vom Anwendungskontext; Bearbeitungszeit ca. 40 Minuten für Manager bzw. ca. 20 Minuten für den Partnerfragebogen

Tabelle 7 (Fortsetzung):
Kurzinformation über den Work-Life-Balance Monitor (Stock-Homburg & Bauer, 2007; Stock-Homburg, 2010)

Work-Life-Balance Monitor	
Ergebnisse	Jede/r Teilnehmer/in erhält einen individualisierten Ergebnisbericht, der ca. 70 Folien umfasst. Dieser enthält sowohl allgemeine Informationen über die Studie und deren Gesamtergebnisse als auch die persönlichen Ergebnisse der Teilnehmerinnen und Teilnehmer inkl. der Zuweisung zu Typenkategorien (z.B. Work-Life-Balance Typen, Entscheidungstypen) und Handlungsempfehlungen auf Basis der persönlichen Ergebnisse.
Kosten des Verfahrens	Verfügbarkeit und Kosten auf Anfrage
weitere Informationen	www.worklifebalance-monitor.com

Anmerkungen: In der Kategorie Beispiel-Items werden jeweils die zugrundeliegenden theoretischen Konzepte sowie die darauf aufbauenden Items des Work-Life-Balance Monitors genannt.

3.4.2 Balance-Check

Der *Balance-Check* wurde im Rahmen des Projekts Lanceo (Balanceorientierte Leistungspolitik) an der Universität Freiburg entwickelt, um das Zusammenspiel von Erwerbsarbeit und Privatleben bei Beschäftigten zu erfassen. Dabei wurden bestehende, englischsprachige Fragebögen zur Erfassung des Work-Family-Conflicts und Work-Family-Enrichments (Carlson, Kacmar & Williams, 2000; Carlson, Kacmar, Wayne & Grzywacz, 2006) ins Deutsche übersetzt und auf den Lebensbereich Privatleben angepasst. Ergänzend sollen im Balance-Check in Zukunft auch kompensatorische Wirkungen zwischen den Lebensbereichen aufgegriffen werden.

Tabelle 8:
Kurzinformation über den Balance-Check (Kratzer, Nies, Pangert & Vogl, 2011)

Balance-Check	
Hintergrund	– Konzept des Work-Family-Conflicts (Greenhaus & Beutell, 1985) – Konzept des Work-Family-Enrichments (Greenhaus & Powell, 2006)
Dimensionen	**Konflikte zwischen den Lebensbereichen:** – Negative Auswirkungen der Erwerbsarbeit im Privatleben (zeitbasiert, beanspruchungsbasiert, verhaltensbasiert) – Negative Auswirkungen des Privatlebens in der Erwerbsarbeit (zeitbasiert, beanspruchungsbasiert, verhaltensbasiert) **Bereicherungen zwischen den Lebensbereichen:** – Positive Auswirkungen der Erwerbsarbeit im Privatleben (durch Kompetenzerwerb, positive Gefühle, psychol. Ressourcen) – Positive Auswirkungen des Privatlebens in der Erwerbsarbeit (durch Kompetenzerwerb, positive Gefühle, effizientes Handeln)

Balance-Check	
Beispiel-Items	– Ich muss private Aktivitäten ausfallen lassen, da ich so viel Zeit auf meine beruflichen Verpflichtungen verwenden muss. – Mein Engagement in meiner Arbeit gibt mir das Gefühl, etwas zu leisten, und dies hilft mir in meinem Privatleben.
Kennwerte	– Cronbachs Alpha der Dimensionen: .78 bis .90 – Trennschärfe der Items: .59 bis .84 – Absicherung der Skalenkonzeption mittels konfirmatorischer Faktoren-analysen – Signifikante Zusammenhänge zur Lebenszufriedenheit konnten bei 9 der 12 Subskalen nachgewiesen werden. Darüber hinaus bestehen bei allen Subskalen signifikante Zusammenhänge zur Erfüllung von Erwartungen bedeutsamer Anderer.
Antwortfor-mat	5-stufige Likert-Skala („trifft gar nicht zu" bis „trifft völlig zu")
Referenz-stichprobe	163 abhängig Beschäftigte
Umfang des Frage-bogens	36 Items
Ergebnisse	nach Rücksprache
Kosten des Verfahrens	nach Rücksprache
weitere Informa-tionen	Informationen zum Projekt Lanceo: www.lanceo.de Informationen zum Verfahren: barbara.pangert@psychologie.uni-freiburg.de

3.4.3 *Bochumer Inventar zu beruflich relevanten Lebenskonzepten (BIL)*

Das *Bochumer Inventar zu beruflich relevanten Lebenskonzepten (BIL)* ist ein Verfahren, das seit 2002 vom Projektteam Testentwicklung der Ruhr-Universität Bochum entwickelt wird. Das BIL greift das Konzept der Work-Life-Balance auf, geht jedoch über die Dualität von Arbeit und Privatleben hinaus. In Anlehnung an das Wellness-Modell von Hettler (1980, siehe auch Kapitel 2) wurden in mehreren Entwicklungsschritten insgesamt 19 Skalen entwickelt, die sich zu sechs Themenbereichen gruppieren (s. Tab. 9). Auf diesem Weg soll ein detailliertes Bild über das individuelle Lebenskonzept erstellt werden, das es ermöglicht, persönliche Ressourcen und Verände-rungspotenziale zu identifizieren.

Tabelle 9:
Kurzinformation über das Bochumer Inventar zu beruflich relevanten Lebenskonzepten
(Collatz & Gudat, 2011)

Bochumer Inventar zu beruflich relevanten Lebenskonzepten (BIL)	
Hintergrund	Wellness-Konzept von Hettler (1980)
	wissenschaftliche Forschung zu den sechs erfassten Bereichen (z. B. Hackman & Oldham, 1975; Berkman & Syme, 1979; Fishbein & Ajzen, 1975; Zimolong, 1998; Goleman, 1999; Schneider & Schmalt, 2000; Hossiep, Schulte & Frieg, 2010)
	Relevanz von Persönlichkeitseigenschaften auf Ressourceneinschätzungen (z. B. Hossiep, 2007; Kastner, 2004; Litzcke & Schuh, 2007)
Dimensionen	**Sozialer Bereich** • Balance Lebensbereiche • Familie • Soziale Netzwerke • Paarbeziehung (Beziehungsqualität, Ähnlichkeit, Zufriedenheit) oder Singledasein **Beruflicher Bereich** • Arbeitsklima • Rahmenbedingungen • Führung • Arbeitsplatzsicherheit **Werte-Bereich** • Werteübereinstimmung • Ziele • Passung beruflicher Werte **BIL** **Intellektueller Bereich** • Freizeit • Beruf • Entfaltungsmöglichkeiten • Abstrakte Themen **Physischer Bereich** • Gesundheitsverhalten • Konstitution **Emotionaler Bereich** • Emotionsprozesse bzgl. des Selbst • Emotionsprozesse bzgl. Anderer **Persönlichkeitsdimensionen:** Optimismus, Selbstreflexion, Stressresistenz, Selbstwirksamkeit
Beispiel-Items	*Beruflicher Bereich:* Ein rücksichtsvoller Umgang miteinander ist an meinem Arbeitsplatz eine Selbstverständlichkeit.
	Intellektueller Bereich: Ich lese gern Literatur, die mich intellektuell fordert.
	Emotionaler Bereich: Es fällt mir leicht, Anderen mitzuteilen, was mich emotional beschäftigt.
	Physischer Bereich: Um gesundheitlichen Problemen entgegenzuwirken, treibe ich Sport.
	Werte-Bereich: Mir ist unklar, wo ich im Leben hin will.
	Sozialer Bereich: Meine Familie unterstützt mich auf meinem beruflichen Weg.
	Persönlichkeitsdimensionen: *Optimismus:* Ich habe ein unerschütterliches Vertrauen in die Zukunft. *Selbstreflexion:* Bei Konflikten fällt es mir schwer, den eigenen Anteil zu erkennen.

Tabelle 9 (Fortsetzung):

Kurzinformation über das Bochumer Inventar zu beruflich relevanten Lebenskonzepten
(Collatz & Gudat, 2011)

	Stressresistenz: Auch in stressigen Situationen kann ich meine Energie gut einteilen. *Selbstwirksamkeit:* Ich weiß, dass ich mich auf meine Fähigkeiten hundertprozentig verlassen kann.
Kennwerte	– Trennschärfe der Items ≥ .3 – Cronbachs Alpha der Dimensionen: .71 bis .93 – Signifikante Zusammenhänge der Dimensionen des BIL zur Lebens-zufriedenheit konnten mittels Regressionsanalysen nachgewiesen werden.
Antwort-format	6-stufige Likert-Skala (von „trifft voll zu" bis „trifft überhaupt nicht zu")
Referenz-stichprobe	ca. 1.200 Personen
Umfang des Fragebogens	ca. 200 Items (die Itemanzahl variiert in Abhängigkeit von aktuellen Forschungsfragen)
Ergebnisse	Individuelle Ergebnisauswertung mit einem Überblick über die Gesamtaus-prägung sowie die Unterfacetten der sechs Work-Life-Balance Bereiche
Kosten des Verfahrens	auf Anfrage (20 bis 30 Euro pro Fragebogen, abhängig von der Dauer des Auswertungszeitraums)
weitere Infor-mationen	www.testentwicklung.de

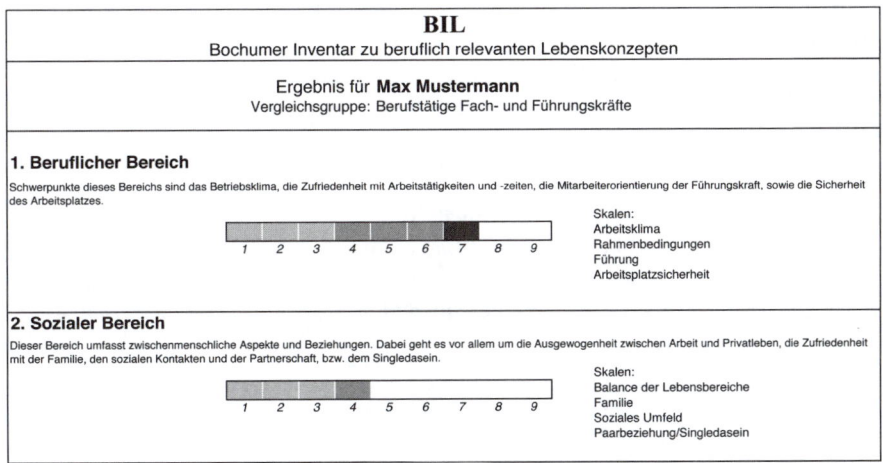

Abbildung 19:

Beispielhafte Auswertung des Bochumer Inventars zu beruflich relevanten Lebenskonzepten

51

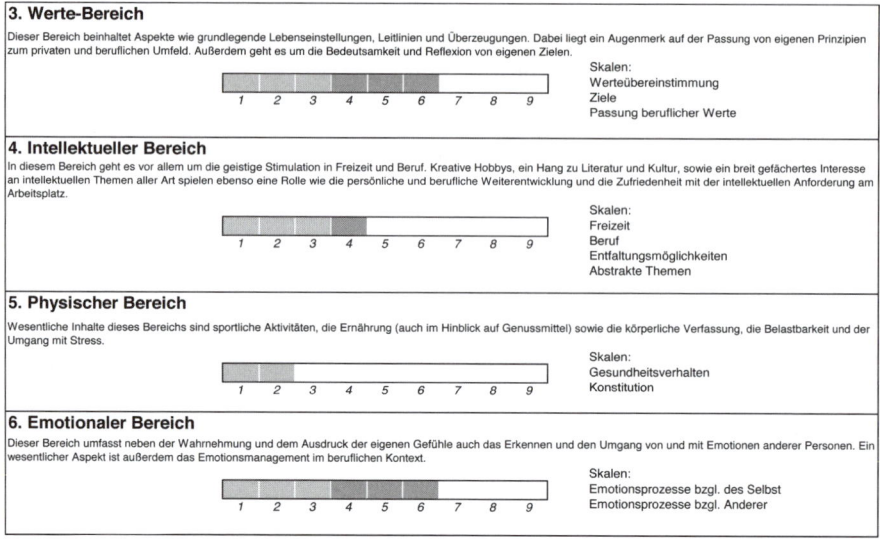

3. Werte-Bereich

Dieser Bereich beinhaltet Aspekte wie grundlegende Lebenseinstellungen, Leitlinien und Überzeugungen. Dabei liegt ein Augenmerk auf der Passung von eigenen Prinzipien zum privaten und beruflichen Umfeld. Außerdem geht es um die Bedeutsamkeit und Reflexion von eigenen Zielen.

Skalen:
Werteübereinstimmung
Ziele
Passung beruflicher Werte

4. Intellektueller Bereich

In diesem Bereich geht es vor allem um die geistige Stimulation in Freizeit und Beruf. Kreative Hobbys, ein Hang zu Literatur und Kultur, sowie ein breit gefächertes Interesse an intellektuellen Themen aller Art spielen ebenso eine Rolle wie die persönliche und berufliche Weiterentwicklung und die Zufriedenheit mit der intellektuellen Anforderung am Arbeitsplatz.

Skalen:
Freizeit
Beruf
Entfaltungsmöglichkeiten
Abstrakte Themen

5. Physischer Bereich

Wesentliche Inhalte dieses Bereichs sind sportliche Aktivitäten, die Ernährung (auch im Hinblick auf Genussmittel) sowie die körperliche Verfassung, die Belastbarkeit und der Umgang mit Stress.

Skalen:
Gesundheitsverhalten
Konstitution

6. Emotionaler Bereich

Dieser Bereich umfasst neben der Wahrnehmung und dem Ausdruck der eigenen Gefühle auch das Erkennen und den Umgang von und mit Emotionen anderer Personen. Ein wesentlicher Aspekt ist außerdem das Emotionsmanagement im beruflichen Kontext.

Skalen:
Emotionsprozesse bzgl. des Selbst
Emotionsprozesse bzgl. Anderer

Abbildung 19 (Fortsetzung):
Beispielhafte Auswertung des Bochumer Inventars zu beruflich relevanten Lebenskonzepten

3.4.4 berufundfamilie-Index

Mithilfe des *berufundfamilie-Index* kann seit 2008 das Familienbewusstsein von Unternehmen in standardisierter Form erhoben werden. Das Verfahren wurde vom Forschungszentrum Familienbewusste Personalpolitik (FFP) im Auftrag der berufundfamilie gGmbH (einer Initiative der Hertie-Stiftung) entwickelt und mittlerweile in knapp 1.000 Unternehmen zur Evaluation eingesetzt. Der Index wird bspw. im Zertifizierungsprozess des Audits berufundfamilie eingesetzt und ermöglicht die Ableitung konkreter Maßnahmen zur Erhöhung der Familienfreundlichkeit (Schneider, Gerlach, Wieners & Heinze, 2008).

Tabelle 10:
Kurzinformation über den berufundfamilie-Index (Schneider et al., 2008)

berufundfamilie-Index	
Hintergrund	– Literaturrecherche bzgl. bestehender Publikationen und Internet-präsenzen nationaler und internationaler Organisationen – Forschung zur Relevanz von Information und Kommunikation (z. B. Döge & Behnke, 2006) – Organisationskultur (Schein, 1995; Steinmann & Schreyögg, 2000) – Konzepte zur Evaluation vorhandener Maßnahmen (z. B. Dilger & König, 2007; Prognos, 2005; Galinsky, Friedman & Hernandez, 1991)

52

berufundfamilie-Index	
Dimensionen	**Dialog:** – Information – Kommunikation – Reaktion **Leistung:** – Quantität – Qualität – Investition – Flexibilität **Kultur:** – Normen/Werte – Kontinuität – Unternehmensführung – Betriebsklima
Beispiel-Item	Unsere Mitarbeiter erhalten umfassende Informationen zu unserem Angebot zur Vereinbarkeit von Beruf und Familie.
Kennwerte	– Trennschärfe der Items: .18–.73 – Cronbachs Alpha des Index-Wertes: .89
Antwortformat	7-stufige Likert-Skala („trifft gar nicht zu" bis „trifft voll und ganz zu")
Referenzstichprobe	960 Unternehmen
Umfang des Fragebogens	21 Items
Ergebnisse	Executive Summary mit der Darstellung der Mittelwerte des Unternehmens auf den Dimensionen Dialog, Leistung und Kultur im Vergleich zur Referenzstichprobe insgesamt sowie zu Vergleichswerten der jeweiligen Branche bzw. Unternehmensgröße
Kosten des Verfahrens	kostenfrei im Internet verfügbar
weitere Informationen	www.berufundfamilie-index.de

4   Vorgehen

In den vorangegangenen Kapiteln wurde betont, dass die Dichotomisierung, die der Begriff „Work-Life-Balance" impliziert, nicht sinnvoll erscheint. Vor diesem Hintergrund müssen auch die Interventionsmöglichkeiten gesehen werden, die auf allen drei Ebenen, der gesellschaftlichen, der unternehmerischen und der individuellen Ebene angesiedelt sein müssen. Erst im Zusammenspiel werden sie dann die umfassende Wirkung entfalten können. Work-Life-Balance ist als ganzheitlicher Gestaltungsprozess zu verstehen, der das Ziel der Maximierung der eigenen Lebensqualität verfolgt (Kastner, 2004) und der maßgeblich davon abhängt, welche Ziele, Lebenskonzepte, Rollen und Prioritäten jemand hat.

4.1 Gesellschaftliche Interventionsmöglichkeiten

Aufgrund der sich wandelnden Erwerbstätigkeit, des demografischen Wandels und des fortschreitenden Wandels in den Geschlechterrollen entstehen neue gesellschaftspolitische Herausforderungen. So muss davon ausgegangen werden, dass der Rückgang des Arbeitskräftepotenzials durch Zuwanderung schätzungsweise ab 2015 nicht mehr zu kompensieren ist (Esslinger & Schobert, 2007). Die Politik versucht darauf zu reagieren, indem sie durch die Gesetzgebung Rahmenbedingungen schafft, die dazu beitragen, die Vereinbarkeit von Beruf und Familie zu erhöhen und dadurch die Quote der Berufstätigen zu steigern (s. Tab. 11).

Verknappung des Arbeitskräftepotenzials

Tabelle 11:
Übersicht über relevante Gesetze und Maßnahmen des Bundes zur Förderung der Vereinbarkeit von Beruf und Familie

Gesetz/ Maßnahmen der Politik	Inkrafttreten	Kurzbeschreibung
Elternzeit und Elterngeld	2007 2009 verbessert	– 14 Monate nach Geburt des Kindes bei Nutzung der Partnermonate, ansonsten 12 Monate – Großeltern haben auch die Möglichkeit, diese Zeit in Anspruch zu nehmen
Kindergeld	2010 angepasst	– Zahlung bis zur Vollendung des 18. Lebensjahres für jedes Kind – Zahlung bis zur Vollendung des 25. Lebensjahres des Kindes, wenn dieses noch in Ausbildung ist Höhe: 1. + 2. Kind 184,– € 3. Kind 190,– € ab 4. Kind 215,– €
Kinderförderungsgesetz	2007 Absicht niedergelegt	– Rechtsanspruch auf Kinderbetreuungsangebot für Kinder ab dem 1. Lebensjahr – gilt ab dem Jahr 2013/2014

Tabelle 11 (Fortsetzung):
Übersicht über relevante Gesetze und Maßnahmen des Bundes zur Förderung der Vereinbarkeit von Beruf und Familie

Gesetz/ Maßnahmen der Politik	Inkraft-treten	Kurzbeschreibung

Ganztags-schulen	2003	– Ausbau eines Teil der allgemeinbildenden Schulen zu Ganztagsschulen
		– an 3–4 Nachmittagen in der Woche soll ein Angebot bis 16.00 Uhr bestehen mit den Optionen:
		  • Unterricht im Klassenverband, in Gruppen und freier Unterricht
		  • unterrichtsbezogene Ergänzungsstunden
		  • Hausaufgabenbetreuung
		  • individuelle Förderung
		  • themenbezogene, klassenübergreifende Projekte
		  • Freizeitgestaltung
		  • Pausen, Mittagessen, Entspannungszeiten
		  • Zusammenarbeit mit außerschulischen Partnern

Förderung von Mehr-generationen-häusern		Ziel: Alles unter einem Dach – Entlastung für Familien – Unterstützung für Kinder und Jugendliche – Einbindung von Junggebliebenen und Hochbetagten – Sport und Wissen – Zusammenarbeit mit Unternehmen vor Ort

Darüber hinaus setzt die Politik Förderprogramme auf und stellt Gelder für Projekte zur „Vereinbarkeit von Beruf und Familie" bereit. Informationen dazu finden sich auf der Homepage des Bundesministerium für Familie, Senioren, Frauen und Jugend (www. bmfsfj.de). In diesem Zusammenhang besteht auch die Möglichkeit, sich Projekte vom Bund oder der EU fördern zu lassen.

4.2 Organisationale Interventionsmöglichkeiten

Gemäß einer Studie der Prognos AG (2005, S. 1) zielen betriebliche Work-Life-Balance Maßnahmen darauf ab, „erfolgreiche Berufsbiografien unter Rücksichtnahme auf private, soziale, kulturelle und gesundheitliche Erfordernisse zu ermöglichen."

Unternehmen, die die Lebenssituation und die Bedürfnisse der Mitarbeiter im Blick haben, profitieren davon durchaus. Dies kann u. a. dadurch geschehen, dass hochqualifizierten Mitarbeitern eine Perspektive eröffnet wird, berufstätig zu sein, ohne dafür die Familie oder notwendige Erholungszeiten komplett zurückstellen zu müssen. In diesem Sinne sind Maßnahmen zur Förderung der Work-Life-Balance auch Teil einer Strategie zur Förde-

Work-Life-Balance Maß-nahmen als Strategie zur Förderung der Beschäftigungs-fähigkeit

rung der Beschäftigungsfähigkeit und ermöglichen es Mitarbeitern und Führungskräften, Belastungen hinsichtlich Zeit- und Leistungsdruck zu reduzieren. Während die antizipierten Vorteile für die Beschäftigten unmittelbar ersichtlich sind, haben Unternehmen bei der Umsetzung solcher Methoden häufig das Hauptmotiv, die Konkurrenzfähigkeit der eigenen Dienstleistungen und Produkte zu steigern und dadurch das bestmögliche betriebswirtschaftliche Gesamtergebnis zu erzielen (de Graat, 2007, S. 231).

4.2.1 Maßnahmen zur Arbeitszeitgestaltung

Maßnahmen zur Arbeitszeitgestaltung flexibilisieren Arbeitszeit und -ort und schaffen dadurch Gestaltungsspielräume. Da mittlerweile nur noch etwa jeder achte Arbeitnehmer in einem Beschäftigungsverhältnis mit einer Normalarbeitszeit von 35–40 Stunden in einer 5-Tage-Woche berufstätig ist, die Anzahl geleisteter Überstunden aber ansteigt, kommt der Flexibilisierung der Arbeitszeit mit Blick auf die Work-Life-Balance eine zentrale Bedeutung zu (Kalveram, 2008).

Teilzeitarbeit Die *Teilzeitarbeit* dürfte die bekannteste und am meisten verbreitete Maßnahme in diesem Kontext sein. Definiert wird sie als ein Arbeitsverhältnis, dessen zeitlicher Umfang unterhalb der betrieblich vereinbarten Regelarbeitszeit liegt (Fauth-Herkner, 2003). Unternehmen praktizieren dies auch gern in Form von *Job-Sharing*. Hier teilen sich zwei oder mehr Arbeitgeber einen Arbeitsplatz, wobei die zeitliche Verteilung sowohl den individuellen als auch den betrieblichen Bedürfnissen entsprechend vereinbart wird (Michalk & Nieder, 2007).

Gleitzeit Bei der *Gleitzeitregelung* herrscht weitestgehend eine variable Arbeitszeit, mit flexiblem Arbeitsbeginn und -ende. Der Arbeitnehmer kann hierbei selbst bestimmen, wann er seine vertraglich vereinbarte, tägliche Arbeit verrichten möchte. Im Normalfall gibt es jedoch eine fest definierte Kernarbeitszeit, in der alle Mitarbeiter anwesend sein müssen. Diese dient dazu, Absprachen zu treffen und eine feste Erreichbarkeit für interne und externe Kunden zu garantieren (Fauth-Herkner, 2003).

Arbeitszeit-konten Das Modell der *Abeitszeitkonten* erfreut sich immer größerer Beliebtheit in Unternehmen. Es bietet den Vorteil, Überstunden bedarfsberecht abgelten zu können und erlaubt den Mitarbeitern, in bestimmten Lebensphasen die Arbeitszeit zu reduzieren, ohne Gehaltseinbußen hinnehmen zu müssen (Fauth-Herkner, 2003). Im Rahmen dieses Modells kann auch ein vorzeitiger Renteneintritt stattfinden (Kalveram, 2008).

Sabbatical Das *Sabbatical* (o. a. Sabbatjahr) ist eine spezielle Form der Arbeitszeitflexibilisierung, die einen Jobausstieg auf Zeit erlaubt. Dieser Zeitraum kann bis zu einem Jahr betragen. Das Sabbatical wird zumeist für Fortbildungen,

56

private Angelegenheiten, soziales Engagement oder eine längere Reise genutzt. Unternehmen sparen durch das Sabbatical Personalkosten. Der Mitarbeiter, der im Vorfeld auf einem Arbeitszeitkonto die Stunden angespart hat oder auf einen Teil seines Gehalts verzichtet, hat den Vorteil, dass das Beschäftigungsverhältnis und damit auch die Kranken- und Sozialversicherung weiter bestehen bleiben. Bei der Rentenversicherung macht sich ein Sabbatjahr allerdings bemerkbar (Groothuis, 2003).

Neben der Flexibilisierung der Arbeitszeit ist die räumliche Entkoppelung der beruflichen Tätigkeit durch *Telearbeit* eine zunehmend genutzte Variante. In der Praxis ist diese Form der Arbeitsflexibilisierung auch unter der Bezeichnung „Home Office" geläufig.

Telearbeit

Tabelle 12:
Gegenüberstellung der Vor- und Nachteile von Telearbeit

	Vorteile	Nachteile
Mitarbeiter	– spart Zeit und Geld für Pendelfahrten – Arbeit in vertrauter Umgebung kann leistungssteigernd wirken – keine Unterbrechung durch Botengänge etc. – hohe Autonomie in der Arbeitszeitgestaltung möglich – auch bei privater, räumlicher Veränderung kann man für den Arbeitgeber tätig bleiben	– Vermischung der Lebensbereiche kann dazu führen, dass auch in der Freizeit der Job präsent bleibt und Abschalten und Entspannen schwierig werden – soziale Isolierung von Kollegen – weniger Informationen aus dem beruflichen Umfeld („Flurfunk" fehlt)
Unternehmen/ Institution	– Kostenersparnis – kein Büroplatz nötig – höhere Produktivität hilft dem Arbeitgeber	– hoher Koordinationsaufwand bei der Verteilung und Gestaltung der Arbeitsaufgaben – dem Datenschutz muss bei der Einrichtung eines Telearbeitsplatzes ein besonderes Augenmerk geschenkt werden
Gesellschaft	– Reduktion des Berufsverkehrs – Personen im Erziehungsurlaub bleiben mit dem Arbeitgeber in Kontakt – strukturschwache Regionen können gestützt werden	– Möglichkeit der Auslagerung bestimmter Tätigkeiten in Billiglohnländer

Alternierende Telearbeit (man arbeitet schwerpunktmäßig vom Telearbeitsplatz aus und eine gewisse Zeit vor Ort im Unternehmen) und die Einrichtung eines separaten Arbeitszimmers können die Nachteile für die einzelne Person ausgleichen (Sahm, 2000; Fauth-Herkner, 2003). Tabelle 13 gibt einen Überblick über die zuvor beschriebenen Maßnahmen.

Tabelle 13:

Überblick über ausgewählte Maßnahmen zur Flexibilisierung von Zeit und Ort der Leistungserbringung (nach Prognos AG, 2005; Fauth-Herkner, 2003; BMFSFJ, 2010; Michalk & Nieder, 2007 sowie Kalveram, 2008)

Maßnahmen	begünstigende/hemmende Faktoren	Work-Life-Balance Nutzen	Zielgruppe	Verbreitung
Teilzeitarbeit	*begünstigend:* Entkoppelung von Betriebs- und Arbeitszeiten; Arbeitszeitwünsche der Beschäftigten *hemmend:* Organisatorischer Aufwand bei Schicht- und Stellenplänen; geringe Akzeptanz bei Führungskräften; Vollzeitkultur	Die zeitlich begrenzte Übernahme einer Teilzeitstelle gibt den Beschäftigten die Chance, sich während besonders betreuungsintensiver Phasen auf Familienaufgaben zu konzentrieren, ohne ganz aus dem Beruf auszusteigen.	alle Beschäftigtengruppen unabhängig von ihrer Qualifikation, insbesondere in speziellen Lebensphasen (z. B. Wiedereinstieg ins Berufsleben, Elternzeit)	in 79% der Unternehmen
Gleitzeit	*begünstigend:* Arbeitszeiten mit individuellem zeitlichen Gestaltungsspielraum *hemmend:* getaktete Produktionsabläufe/-tätigkeiten, Service- oder Öffnungszeiten; Teamarbeit erfordert Absprachen	Mitarbeiter kann Arbeitszeit an seine individuelle Leistungsfähigkeit anpassen. Durch flexiblen Arbeitsbeginn und flexibles Arbeitsende kann z. B. Stress am Morgen, wenn Kinder noch in den Kindergarten gebracht werden müssen, abgebaut werden.	alle Beschäftigtengruppen unabhängig von ihrer Qualifikation	in 70% der Unternehmen
Arbeitszeitkontenmodelle	*begünstigend:* Auslastungsschwankungen aufgrund schwankender Nachfrage und geringerer Planbarkeit der Nachfrage *hemmend:* Regelungsnotwendigkeiten	Beschäftigte können sich besser an die verschiedenen Lebensphasen anpassen, ohne für längere Auszeiten kündigen zu müssen	alle Beschäftigtengruppen unabhängig von ihrer Qualifikation	in 28% der Unternehmen
Sabbatical	*begünstigend:* Lebensentwürfe der Beschäftigten *hemmend:* Gewährleistung des Anspruchs auf gleichwertigen Arbeitsplatz nach Rückkehr; finanzielle Einbußen	ermöglichen Beschäftigten mit Kindern oder pflegebedürftigen Angehörigen die intensive Betreuung, auch für längere Auslandsaufenthalte oder den Abschluss einer neben- oder außerberuflichen Qualifikation nützlich	alle Beschäftigtengruppen (insbesondere Führungskräfte) in biografischen Ausnahmesituationen	in 16% der Unternehmen
Telearbeit	*begünstigend:* modernes Informationsmanagement; Optimierung von Arbeitsabläufen *hemmend:* technische Ausstattung; Datensicherheit	ideal für Beschäftigte mit Kindern oder pflegebedürftigen Angehörigen	alle Beschäftigten (unabhängig von ihrer Qualifikation) mit Aufgaben, die außerhalb des Betriebs erledigt werden können	in 22% der Unternehmen
Job-Sharing	*begünstigend:* ähnliches Qualifikationsniveau der Job-Sharing-Partner; Einteilung der Arbeit in kleine Arbeitspakete, gutes Arbeitsklima *hemmend:* hohe Abstimmungserfordernisse; unterschiedlich hohe Flexibilitätsbedürfnisse der Beschäftigten	Die Möglichkeit, Betriebszeiten und individuelle Arbeitszeiten zu entkoppeln, eröffnet den Beschäftigten mit Kindern größere Handlungsspielräume. Die reduzierten Anwesenheitszeiten im Betrieb können zum konzentrierten Arbeiten genutzt werden.	Teilzeitbeschäftigte an service- und kapitalintensiven Arbeitsplätzen	in 20% der Unternehmen

4.2.2 Maßnahmen zur Mitarbeiterbindung

Wenn man bedenkt, dass Work-Life-Balance Maßnahmen, die den Bereich „Work" betreffen, häufig Qualifizierungsfragen oder Aspekte des Betriebsklimas und Führungsverhaltens betreffen, wird deutlich, dass an dieser Stelle ein ganzer Fächer von Maßnahmen aufgelistet werden könnte, die neben der Steigerung der Zufriedenheit am Arbeitsplatz auch der Mitarbeiterbindung dienen. Die wirtschaftliche Relevanz der Mitarbeiterbindung zeigen Studien der Unternehmensberatung Gallup (2009), die zu dem Ergebnis kommen, dass der deutschen Wirtschaft ein Schaden von ca. 16,2 Milliarden Euro pro Jahr aufgrund geringer oder fehlender emotionaler Bindung der Mitarbeiter entsteht. Diesen Berechnungen liegt die Feststellung zugrunde, dass Mitarbeiter mit geringer Verbundenheit zum Arbeitgeber bis zu fünf Tage pro Jahr mehr fehlen als Mitarbeiter mit hoher Bindung an den Arbeitgeber.

Kosten unzureichender Mitarbeiterbindung

Betrachtet man betriebliche Maßnahmen, die zu einer höheren Mitarbeiterbindung führen, ist zwischen direkt auf die Mitarbeiterbindung abzielenden und indirekten Maßnahmen, die den Erhalt der Leistungsfähigkeit bezwecken, zu unterscheiden.

> Direkte Maßnahmen sind:
> – Qualifizierungs- und Fortbildungsprogramme
> – Mentoringprogramme
> – Sensibilisierung von Führungskräften
> – Individualisierte Karriereplanung.

Qualifizierungs- und Förderprogramme werden je nach Unternehmen und betroffenem Mitarbeiter inhaltlich variieren. Relevante Bereiche sind häufig die Themenkomplexe Gesundheit, Beruf, soziales Umfeld und Wertvorstellungen. Bei der Konzeption der Maßnahmen sollten sich Unternehmen die Frage stellen, ob unterschiedliche Zielgruppen ein gemeinsames Seminar besuchen sollen oder ob zielgruppenspezifische Seminare angeboten werden. Gerade Seminare im Themenbereich Work-Life-Balance beziehen auch Aspekte der privaten Lebenssituation mit ein und setzen die Bereitschaft zur Auseinandersetzung mit sich selbst voraus. Insofern sollte der Zusammensetzung der Seminarteilnehmer ein besonderes Augenmerk geschenkt werden.

Qualifizierungs- und Förderprogramme

Bei *Mentoringprogrammen* wird ein Beschäftigter durch eine andere, erfahrene Person im Unternehmen unterstützt. Diese stellt eine Art „Sparrings-" und Ansprechpartner dar, mit dem der Mentee sich austauschen kann. Mentoringprogramme wirken sich günstig bei der Förderung qualifizierter Fachkräfte und anderer Zielgruppen (bspw. High Potentials) aus. Voraussetzung für die gezielte Förderung ist das Vorhandensein eines positiven Lernklimas im Unternehmen und die Bereitschaft und die Fähigkeit zum Wissenstransfer. Die Vorbildfunktion, die die Mentoren auch bzgl. der

Mentoring

Realisierung von Work-Life-Balance aufweisen, ist dabei ein wichtiges Element (Prognos AG, 2005).

Sensibilisierung der Führungs-kräfte

Der *Sensibilisierung von Führungskräften* kommt bei der Implementierung von Work-Life-Balance Maßnahmen eine besondere Rolle zu (Jumpertz, 2010). Die Aufgabe der Führungskraft ist es, dem Mitarbeiter zu ermöglichen, an individualisierten Work-Life-Balance Maßnahmen teilzunehmen und von diesen zu profitieren. Um Führungskräfte für das Thema zu sensibilisieren, könnten folgende Schritte hilfreich sein (vgl. Tab. 14).

Tabelle 14:
Überblick über Maßnahmen zur Einbindung von Führungskräften hinsichtlich der Umsetzung von Work-Life-Balance Programmen (nach von Kettler, 2010)

Schritte	Ziel
Entwicklung eines Work-Life-Balance Argumentationspapiers	Darstellung konkreter Benefits für Unternehmen, Bereich, Team und Individuum
Thematisierung des Work-Life-Balance Themas auf Managementmeetings	Schaffung eines Bewusstseins für die strategische Notwendigkeit
Integration der Work-Life-Balance Thematik in die Führungskräfteentwicklung	Sensibilisierung für die Thematik und Herausstellen des eigenen Nutzens
Thematisierung der Generationsthematik und des Wertewandels	Aufzeigen von Lösungen im Umgang mit den verschiedenen Wertvorstellungen
Informationen für Führungskräfte zu Work-Life-Balance Maßnahmen	Toolbox mit Erläuterungen zu den einzelnen Optionen wie Arbeitszeitmodellen, Karrieremöglichkeiten, Serviceangeboten etc.
Integration des Work-Life-Balance Themas in Mitarbeiterzufriedenheitsbefragungen	Ermittlung des Bedarfs und ggf. Entwicklung neuer Ansätze für das Unternehmen

Individualisierte Karriereplanung

Individualisierte Karriereplanung verfolgt die Idee, dass Karriere nicht immer geradlinig verlaufen muss, sondern auch einem wellenförmigen Muster folgen kann. Dies bereitet einen Weg für postmoderne Lebenssituationen und -biografien. Die traditionelle Karriereleiter wird von einem Karriereregitter abgelöst, das Wege nach oben, nach unten und auch seitwärts ermöglicht und im zeitlichen Entwicklungstempo flexibel ist (von Kettler, 2010).

Indirekte Maßnahmen zur Mitarbeiterbindung, die auf die allgemeine Leistungsfähigkeit abzielen, sind Ansätze wie
– Programme zur Gesundheitsförderung (wie Ernährungsberatung oder Raucherentwöhnungsangebote)
– Betriebssportangebote
– Gesundheitschecks
– Angebote für Stressvermeidung (wie Yoga, Rückenschule)
– Gesundheitsfördernde Aktionstage.

Die Gesundheitsthemen bleiben grundsätzlich in der individuellen Verantwortung, weswegen viele Unternehmen zögern, in umfassende Programme zu investieren (Schraub et al., 2008).

Von wissenschaftlicher Seite konnten zahlreiche Studien den Zusammenhang zwischen arbeitsbedingtem Stress und einer unausgeglichenen Work-Life-Balance auf der einen Seite und psychischen Gesundheitsbeeinträchtigungen wie Depression, chronischer Erschöpfung und Burnout auf der anderen Seite nachweisen (Schobert, 2007; Michalk & Nieder, 2007). Darüber hinaus zeigt sich, dass physische und psychische Gesundheit und eine ausgeglichene Work-Life-Balance positiv mit der selbstberichteten Produktivität sowie objektiven Leistungskennzahlen zusammenhängen (Jacobs, Tytherleigh, Webb & Cooper, 2007),

4.2.3 Familienfreundliche Angebote

Der Begriff „familienfreundliche Angebote" spricht die Dualität der Bereiche „Work" und „Life" direkt an und weist dadurch einen unmittelbaren Bezug zur Work-Life-Balance Thematik auf. Obwohl diese Maßnahmen in den Medien breit thematisiert werden, wird laut einer Studie der Hertie-Stiftung in der Unternehmenspraxis das Spektrum der Möglichkeiten derzeit nicht ausgeschöpft (Forst & Hoehner, 2003).

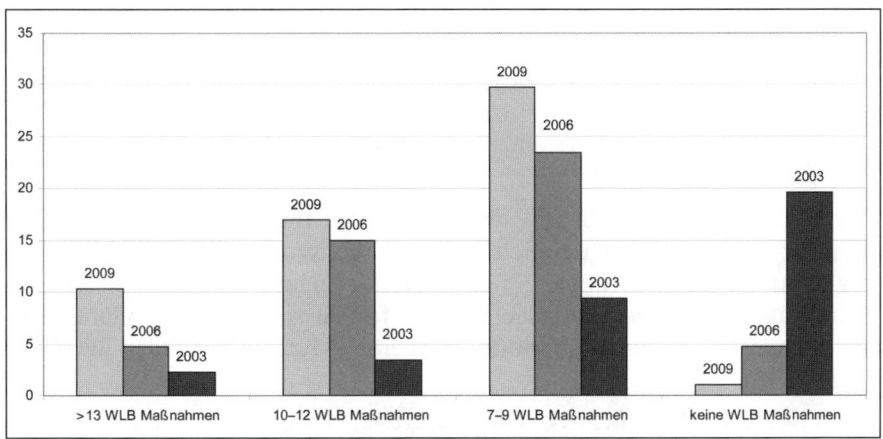

Abbildung 20:
Häufigkeit angebotener Work-Life-Balance Maßnahmen im Zeitverlauf
(Forst & Hoehner, 2003)

Positiv zu verzeichnen ist, dass der Anteil der Betriebe, die keine Maßnahmen zur Work-Life-Balance anbieten, mittlerweile von 19,6 Prozent (2003) über 4,8 Prozent (2006) auf weniger als ein Prozent gesunken ist (vgl. Abb. 20). Berücksichtigt man die Unternehmensgröße als Einflussfaktor auf die

Unternehmensgröße als Einflussfaktor auf das Angebot an Work-Life-Balance Maßnahmen

61

Anzahl familienfreundlicher Angebote, zeigt sich, dass größere Unternehmen häufiger und mehr familienfreundliche Angebote vorhalten als kleinere Unternehmen (Unternehmensmonitor Familienfreundlichkeit, BMFSFJ, 2010). Dabei gibt es durchaus kostengünstige Möglichkeiten Familienfreundlichkeit umzusetzen, so dass sich die Kosten auch für kleine und mittelständische Unternehmen schnell amortisieren. So werden drei Säulen von familienfreundlichen Angeboten definiert, die sich wiederum in Unterangebote aufteilen lassen (s. Abb. 21).

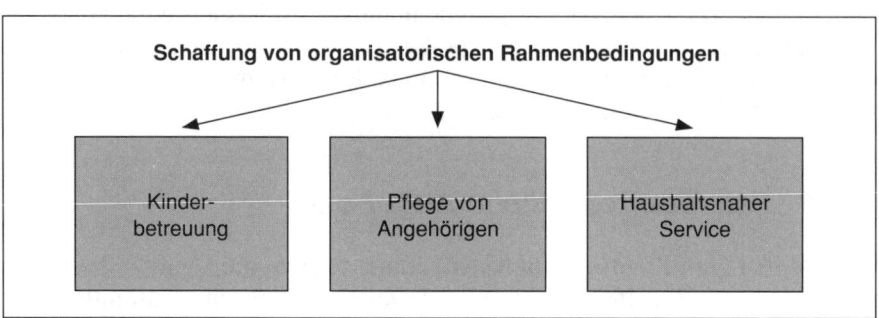

Abbildung 21:
Überblick über Oberkategorien familienfreundlicher Angebote

Kinder-
betreuung

Hinsichtlich der *Kinderbetreuung* zeigt sich, dass nur ca. 35 Prozent der Unternehmen über Angebote in diesem Bereich verfügen. Der größere Teil der Unternehmen lässt diese Thematik unberücksichtigt. Ein betriebliches Kinderbetreuungsangebot gibt es nur bei 2,4 Prozent der Unternehmen, im Jahr 2003 waren es sogar nur 1,9 Prozent, wie eine Befragung bei 1.300 Geschäftsführern und Personalverantwortlichen deutscher Unternehmen zeigte (BMFSFJ, 2010).

Der Nutzen von Kinderbetreuungsprogrammen für das Unternehmen liegt darin, dass diese zu einer deutlich höheren Arbeitszufriedenheit und Bindung der Eltern an das Unternehmen führen. In der Regel werden jedoch Kostengründe als Ursache dafür angegeben, dass fast ausschließlich Großunternehmen Kinderbetreuungsprogramme realisieren (Michalk & Nieder, 2007).

Beispiele
für Angebote
zur Kinder-
betreuung

Möglichkeiten für Kinderbetreuungsangebote könnten sein (Janke, 2003):
– Erwerb von Belegplätzen in bestehenden Kindertageseinrichtungen
– Überbetriebliche Kooperation mehrerer Unternehmen
– Pachten einer Kindertageseinrichtung mit externer Trägerschaft in Unternehmensnähe
– Förderung von Elterninitiativen
– Einrichtung einer Kindernotfallbetreuung
– Eltern-Kind-Arbeitsplätze
– Ferienbetreuung.

Neben den Kinderbetreuungsangeboten gewinnt der Aspekt der *Pflege* *von Angehörigen* immer mehr an Bedeutung. Die Betreuungsverantwortung ist eine sehr belastende Situation für die betroffenen Personen und beeinträchtigt die Work-Life-Balance massiv. Laut des Unternehmensmonitors Familienfreundlichkeit 2010 (BMFSJ, 2010) gibt es zwar bei 52,5 Prozent der Unternehmen Regelungen für eine Freistellung wegen Krankheit der Kinder, aber nur bei 34,6 Prozent wegen der Pflege von Angehörigen. Rund ein Drittel der Pflegenden reduzieren ihre Arbeitszeit oder geben ihre Berufstätigkeit zeitweise ganz auf. Lediglich 8,9 Prozent der Unternehmen unterstützen ihre Mitarbeiter in dieser akuten Krisensituation, indem sie eine Möglichkeit der Kurzzeitpflege anbieten oder bei der Vermittlung von Belegplätzen in Altersheimen oder bei Pflegediensten helfen. Dies macht deutlich, dass an dieser Stelle noch Handlungsbedarf besteht.

<aside>Pflege von Angehörigen</aside>

Ein weiterer Aspekt von Work-Life-Balance Maßnahmen sind Angebote, die sich um den *Service für den Mitarbeiter* drehen. In Deutschland sind diese Dienste bisher wenig verbreitet. Der „Mitarbeiter-Concierge" ist ein Dienstleister innerhalb des Unternehmens, der bei privaten Angelegenheiten wie der Reinigung, Einkäufen, Werkstattbesuchen, Reparaturen, der Vermittlung von Handwerkern etc. unterstützt. Normalerweise werden für diese Dienste Rahmenverträge abgeschlossen, wobei die Kosten für die einzelne Dienstleistung der Mitarbeiter übernimmt, der den Service in Anspruch nimmt (von Kettler, 2010).

<aside>Haushaltsnaher Service</aside>

4.2.4 Lebensereignisorientierte Work-Life-Balance Maßnahmen

Einen Ansatz, um Problemen des demografischen Wandels zu begegnen, bietet das lebensereignisorientierte Konzept des Personalmanagements (Armutat & Rühl, 2009). Dieses betrachtet charakteristische Lebensphasen, die Mitarbeiter im Zuge der Unternehmenszugehörigkeit durchlaufen und sensibilisiert für Probleme (s. Abb. 22). Im Rahmen dieses Ansatzes wird nicht unterstellt, dass Mitarbeiter einer Altersgruppe ähnliche Bedürfnisse und Leistungsfähigkeit haben. Stattdessen werden sowohl typische Phasen der Unternehmenszugehörigkeit als auch individuelle Lebensereignisse mit einbezogen, um auf diesem Weg ein hohes Maß an Flexibilität zu erzielen und Potenziale breiter zu nutzen.

<aside>Berücksichtigung von Lebensphasen</aside>

Für den Bereich Arbeit und Leistung besteht die Möglichkeit, Work-Life-Balance Maßnahmen in verschiedene Phasen der Berufstätigkeit zu unterteilen, um auf diesem Weg spezifische Zielgruppen anzusprechen. Einen Vorschlag für eine mögliche Unterteilung stellt Abbildung 22 dar.

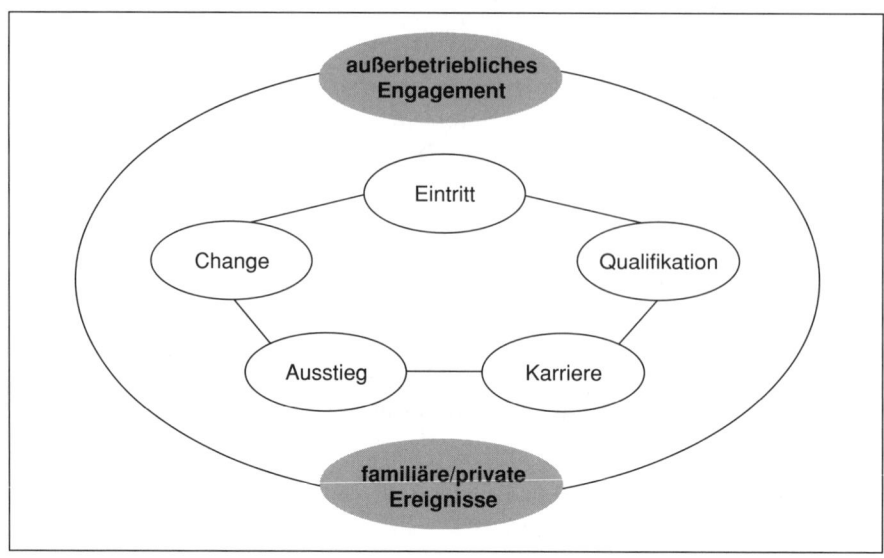

Abbildung 22:
Lebensereignisse im Überblick (Böhne, 2009, S. 40)

Der Ansatz impliziert, dass ein Unternehmen über ein Set an Maßnahmen verfügt, das sich an den individuellen Lebensereignissen orientiert. Dabei werden bestehende Instrumente kombiniert, um durch eine strategische Neuausrichtung des Personalmanagements eine andere Wirkung zu erzielen. Beispiele für Phasen und zugehörige Maßnahmen werden in Tabelle 15 aufgelistet.

Tabelle 15:
Lebensereignisspezifische Instrumente im Überblick (Armutat & Rühl, 2009)

Instrumente bei…		
Eintritt in die Organisation	Wechsel innerhalb der Organisation	
	Tätigkeitswechsel	Standortwechsel
– Bindung nach Vertrags-abschluss (Kontakt-pflege) – Integrationskonzept – Einarbeitungsplan – Feedback-Gespräche – Patensystem – Netzwerk neuer Mitarbeiter	– Etablierung einer Rotationskultur – interne Stellenbörse – Integrationskonzept	– Integration des Standortwech-sels in Karriereprogramme – interne Stellenbörse – Gestaltung der Rahmen-bedingungen für flexiblen, standortübergr. Einsatz – Expat-/Impat-Programme – Vermittlung interkultureller Kompetenz – Programme für Lebens-partner & Kinder – Relocation System – Fremdsprachenkurse

Tabelle 15 (Fortsetzung):
Lebensereignisspezifische Instrumente im Überblick (Armutat & Rühl, 2009)

Instrumente bei...
Berufsunterbrechung und Wiedereintritt
– Maßnahmen zum befristeten Ausgleich von Vakanzen – Maßnahmen zur Wissenssicherung – Maßnahmen zur Kontaktpflege – Qualifikationserhalt durch Praxiseinsatz, Qualifizierung während der Unterbrechung – Maßnahmen zur frühzeitigen Wiedereingliederung – Reintegrationsmanagement analog zur Integration (bspw. mit Vernetzung durch Paten-/Mentoring-Systeme)
Karriere-Endstufe
– Realistische Selbsteinschätzung, z. B. durch 360-Grad-Feedback – Wertschätzung der Person und des Erfahrungswissens – Know-how-Tandems – Erfahrungsaustausch – Generationsnetzwerke – neue Perspektive schaffen – Seminare zur Standortbestimmung
Berufsaustritt
– Mentoring/Patensysteme während der letzten Monate – Anpassung der Arbeitsaufgaben – Beratungsangebot
Veränderungen der privaten Lebenssituation
– Perspektiven aufzeigen – Beratungsangebote – Mobilitätsunterstützung – Arbeitszeitanpassung/Teilzeitarbeit – Dual Career Couples – Betriebskindergärten, Kinderkrippe, Belegplätze – Kontakt, Vertretungseinsätze, ggf. Qualifizierung während der Elternzeit – Telearbeit/Home Office – Information über und Vermittlung von Pflegeplätzen und -kräften – Monetäre Unterstützung in finanziellen Härtefällen
Krankheit mit Einschränkung der beruflichen Leistungsfähigkeit
– betriebliches Eingliederungsmanagement – präventives Gesundheitsmanagement – fähigkeitsorientierter Personaleinsatz – Kontaktpflege während der Krankheit

Die Übersicht hat nicht den Anspruch auf Vollständigkeit, sondern ist als Orientierungshilfe gedacht, der mosaikartig weitere Bausteine hinzugefügt werden können. Hiermit kann eine alters- und ereignisneutrale Individualisierung der Personalarbeit vorgenommen werden.

Ein Grund, warum Unternehmen noch nicht durchgängig Personalmanagementsysteme dieser Art eingeführt haben, ist die Tatsache, dass in etwa 60 Prozent der Unternehmen seitens der Mitarbeiterschaft kein Bedarf diesbezüglich bei der Geschäftsleitung angemeldet wurde (BMFSFJ, 2010). Zusammenfassend sollte deutlich geworden sein, dass die in diesem Kapitel beschriebenen Maßnahmen von Unternehmensseite her nicht separat betrachtet werden können. Meistens ist die Kombination verschiedener Maßnahmen nötig, um dem individuellen Bedarf der Mitarbeiter gerecht zu werden. Dies stellt die Unternehmen vor die große Herausforderung, ein breites Spektrum an Maßnahmen anzubieten.

4.3   Individuelle Interventionsmöglichkeiten

Betriebliche Maßnahmen schaffen den Rahmen für die Reduktion von Stress und Belastungen und stellen damit eine wichtige Voraussetzung für persönliche Ausgeglichenheit dar. Der entscheidende Faktor für eine gelungene Work-Life-Balance liegt aber in der Person selbst (Kalveram, 2008). So bleiben Nutzung, Umsetzung und dauerhafte Implementierung der Interventionsmaßnahmen im Verantwortungsbereich jedes Einzelnen.

Die zahlreich vorhandenen Ratgeber zur Verbesserung der individuellen Work-Life-Balance geben einen Überblick über individuelle Maßnahmen, die Sichtung der Literatur ist aber aufgrund der Vielzahl ein langwieriges Unterfangen. Viele Ratgeber setzen an einem spezifischen Aspekt der Work-Life-Balance an. Dieser mag durchaus seine Relevanz haben, betrachtet die Problematik jedoch nicht aus der Gesamtperspektive. Um einen Überblick über individuelle Ansätze der Work-Life-Balance zu geben, wird nachfolgend zwischen der Förderung externer und interner Ressourcen unterschieden. Externe Ressourcen bestehen aus der verbesserten Arbeitssituation, dem sozialen Umfeld und der sozialen Unterstützung. Als interne Ressourcen werden die persönliche Konstitution, Persönlichkeitseigenschaften und Bewältigungsstrategien definiert (Oppolzer, 2009).

Förderung externer und interner Ressourcen

Die Bereitschaft zur Auseinandersetzung und Reflexion eigener Belastungen und Ressourcen ist die Basis für individuelle Maßnahmen (Thom, 2008). Darüber hinaus ist die eigene Reflexionsfähigkeit sowie der Wille, die Lebensbereiche in Balance zu halten, entscheidend (Michalk & Nieder, 2007). Michalk und Nieder (2007) schlagen als grundlegende Handlungsstrategie zur Verbesserung der Work-Life-Balance den Dreiklang von Selektion, Optimierung und Kompensation (kurz: SOK) vor. Im Schritt der *Selektion* sollen bewusst bestimmte Ziele ausgewählt und optimiert werden, um auf diesem Weg, trotz begrenzter Ressourcen, in der Lage zu sein, das Leben entsprechend der eigenen Wünsche zu gestalten. Bei der *Optimierung* werden Prioritäten über einen bestimmten Zeitraum verschoben, um dadurch bspw. bessere Joboptionen zu haben. *Kompensation* kann sich z. B. auf zeitliche Ressourcen beziehen. So kann durch die Nutzung einer Kinderbetreuung benötigter

Dreiklang aus Selektion, Optimierung und Kompensation

Freiraum geschaffen werden, um Job und Familie zu vereinbaren. Quer- und Längsschnittstudien konnten positive Zusammenhänge zwischen der SOK-Strategie und dem subjektiven Wohlbefinden nachweisen (Wiese, 2007).

Diese Ansätze liefern einen guten Einstieg, aber um konkrete Interventionen ableiten zu können, sind sie für einige Fragestellungen nicht anschaulich genug. Auf individueller Ebene sind zwei Themenbereiche eng mit der Work-Life-Balance Thematik verknüpft: Zeitmanagement und Stress. Beide Aspekte sind auch bei Maßnahmen seitens der Unternehmen angerissen worden, sollen hier aber etwas ausführlicher aufgegriffen werden.

Zeitmanagementkonzepte sind in der Regel ein Hauptbestandteil von Work-Life-Balance Strategien (Seelig, 2009). Dabei wird meist eine Reihe von Tipps gegeben, wie man sein Zeitmanagement optimieren kann. Seiwert (2005) schlägt bspw. vor, grafisch die investierte Zeit einzelner Bereiche abzutragen. Das soll anregen, mehr Zeit in die eigene Planung zu stecken und Zeitfresser zu identifizieren und zu eliminieren, um dadurch Dinge gelassener angehen zu können (Seiwert & Tracy, 2002). Eine Studie (Saborowski & Muellerbuchhof, 2010) konnte den Nachweis der Wirksamkeit von Selbstmanagent-Trainings erbringen. Inwieweit Zeitmanagement der entscheidende Faktor in Bezug auf die Work-Life-Balance Thematik ist, ist aber wissenschaftlich noch nicht erwiesen. Die wissenschaftliche Literatur fokussiert eher auf entstandene Diskrepanzen und deren Abgleich im Soll-Ist-Vergleich (Nerdinger, 2008). Hierbei liefert Rauen (2008, 2009) eine Vielzahl an Übungen, die diesen Abgleich vornehmen.

Stress ist ein weiterer Ansatzpunkt, der häufig mit der Work-Life-Balance Thematik verbunden wird. Die Stressreize im Berufsleben bestehen häufig aus Konflikten mit Kollegen und Vorgesetzten, den zu erfüllenden Leistungsanforderungen, arbeitsorganisatorischen Problemen oder aus der Belastung, Familien- und Berufsleben zu verbinden. Stress wirkt sich sowohl psychisch als auch physiologisch aus (z. B. in Form von häufigeren Herz-Kreislauf-Erkrankungen oder einer erhöhten Anfälligkeit für Infektionskrankheiten; vgl. Zapf & Semmer, 2004). Stressinterventionen setzen an verschiedenen Punkten an. Die bekanntesten Stressmodelle sind das allgemeine Anpassungssyndrom von Seyle (1936) sowie das Stressmodell von Lazarus (1966). Stress muss jedoch immer im Zusammenhang mit der persönlichen Lebenssituation und -gestaltung betrachtet werden. Denn Stress wird sehr individuell erlebt, weshalb allgemeine Ratgeber nur bedingt helfen und lediglich Anstöße geben können (Drexler, 2010).

Da die individuellen Interventionsmöglichkeiten vielfältig sind, stellt Tabelle 16 eine Zusammenstellung verschiedener Optionen vor. Sie hat jedoch keinen Anspruch auf Vollständigkeit. Die Übersicht lehnt sich an die Gemeinsamkeiten der vorgestellten Work-Life-Balance Modelle an (vgl. dazu Kap. 2). Zur besseren Lesbarkeit sind die Interventionsansätze den einzelnen Bereichen zugeordnet.

Zeit-
management-
konzepte

Auswirkungen
von Stress

Tabelle 16:
Übersicht über mögliche individuelle Interventionsmöglichkeiten

Interventi-onsbereich	Teilbereich	Interventionsmöglichkeiten
Physischer Bereich	Stress	– Entspannungstrainings wie Autogenes Training, Progressive Muskelrelaxation – Spaziergänge – Achtsamkeitsübungen – Fernöstliche, kontemplative Techniken wie Yoga, Thai Chi, Qigong – Meditation – Massagen – Entschleunigung
	Konstitution	– Ausdauersport wie Joggen, Walking, Schwimmen, Radfahren, Inline-Skaten, Aerobic – Muskelaufbautraining, z. B. an Geräten
	Gesund-heits-verhalten	– Auseinandersetzung mit gesunder Ernährung z. B. in Kochkursen, Informationsabenden – Raucherentwöhnung – Genusstraining – Rückenkurse
Sozialer Bereich	Hobby	– Hobbies pflegen und neue ausprobieren – Kreativität erproben wie Malen, Gärtnern, Fotografieren
	Zeit	– Zeit mit Familie, Partner, Freunden bewusst einplanen – Zeit für sich selbst einplanen
	Balance der Bedürfnisse	– Hinterfragen eigener Bedürfnisse und Anforderungen anderer
	Intellektuelle Zufrieden-heit	– Kulturelle Veranstaltungen besuchen (wie Konzerte, Theater, Ausstellungen) – Bücher/Zeitschriften lesen – Reisen – Gesprächskreise zu interessanten Themen besuchen
Beruflicher Bereich	Arbeits-zufriedenheit	– Reflexion, was macht mich zufrieden/unzufrieden
	Arbeitsklima	– Potenzielle Konflikte mit Vorgesetztem oder Kollegen klären (ggf. in Form von Konfliktmoderation oder Team-training)
	Arbeitszeit	– Anpassung der Arbeitszeit an die individuellen Bedürfnisse in den verschiedenen Lebensphasen
Werte-Bereich	Lebensziele	– Auszeit nehmen wie Sabbatical, Klosteraufenthalt auf Zeit, Eremit auf Zeit – Gedanklicher Austausch
Allgemeine Aspekte		– Zeitpuffer einplanen – Fernseher/PC ausschalten – Smartphone ausschalten

Deutlich sollte sein, dass es hierbei um langfristige Lösungen geht, denn es braucht *Zeit* für die Auseinandersetzung, den *Entschluss*, etwas ändern zu wollen und letztendlich die *Umsetzung*. Verschiedene Maßnahmen greifen dabei ineinander und entfalten erst im Zusammenspiel ihre volle Wirkung (vgl. Abb. 23).

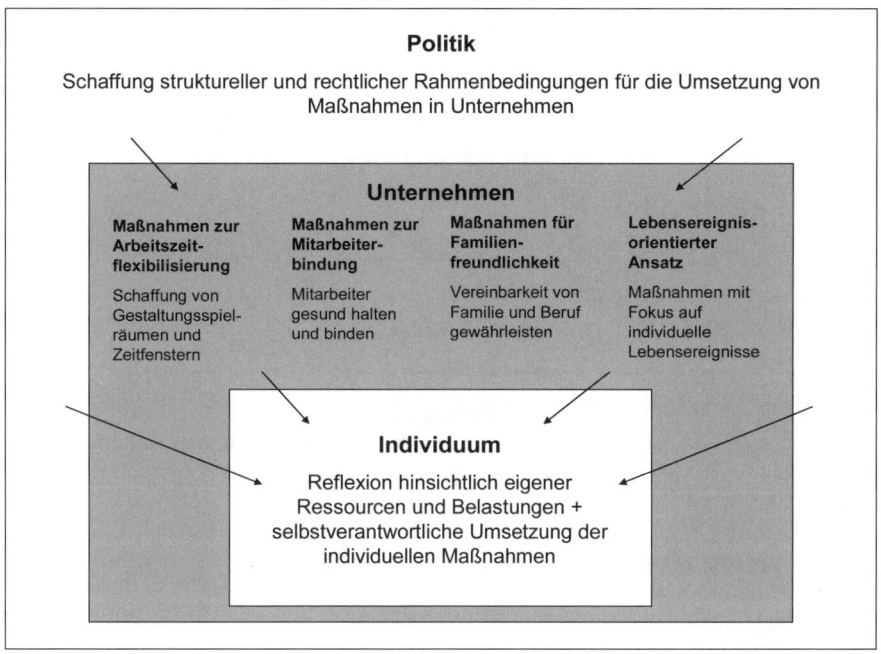

Abbildung 23:
Das Zusammenspiel von Work-Life-Balance Maßnahmen auf gesellschaftlicher, unternehmerischer und individueller Ebene

4.4 Wirtschaftlicher Nutzen von Work-Life-Balance Maßnahmen

Auch wenn es nicht unmittelbar so scheint, ist Work-Life-Balance grundsätzlich als ein wirtschaftlich relevantes Thema anzusehen. Betrachtet man Abbildung 24, kann man sogar von einer dreifachen Win-Win-Situation sprechen: einem gesamtgesellschaftlichen, betrieblichen und individuellen Nutzen.

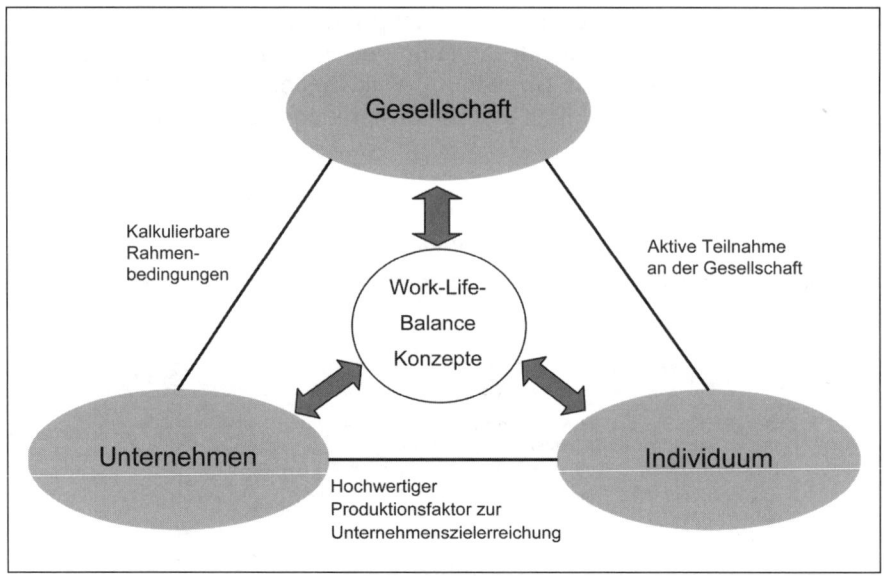

Abbildung 24:
Vorteile von Work-Life-Balance Konzepten aus Sicht der Gesellschaft, Unternehmen
und Individuen (Prognos AG, 2005)

4.4.1 Auswirkungen auf die Gesellschaft

Die Gesellschaft ist aus verschiedenen Blickwinkeln ein Gewinner bei der
Implementierung von Work-Life-Balance Maßnahmen. Wenn mehr Personen
berufstätig sind, führt das zu höheren Einnahmen der Privathaushalte. Darüber hinaus wird durch die bessere Einbindung verschiedener Berufsgruppen
in das Erwerbsleben auch eine höhere Wettbewerbsfähigkeit erreicht, die zum
gesamtgesellschaftlichen Wachstum beiträgt. In der Regel führt ein höheres
Einkommen auch zu verstärktem Konsum und damit zu höheren Steuerein-
nahmen. Diese ermöglichen wiederum einen größeren Spielraum bei Investitionen im öffentlichen Sektor (z. B. in Infrastruktur, Forschung und Bildung).
Sofern sich die Anzahl der Beitragszahler erhöht, wird die Finanzierung von
sozialen Sicherungssystemen auf mehrere Schultern verteilt, was wiederum
einen positiven Einfluss auf die Lohnnebenkosten hat. Möglicherweise zeigt
sich zusätzlich eine Zunahme des privaten Engagements, das die Sozialsys-
teme und damit den Staat weiter entlastet (Prognos AG, 2005).

Für die Gesellschaft prognostizieren Studien klare Vorteile durch die Einführung betrieblicher Work-Life-Balance Maßnahmen: So führt u. a. die
bessere Nutzung des Humankapitals zu einer höheren Wettbewerbsfähigkeit
der Unternehmen und damit zu einer Stärkung des gesamtwirtschaftlichen
Wachstums.

Eine Modellrechnung der Prognos AG (2005) berichtet positive wirtschaftliche Auswirkungen einer gesteigerten Work-Life-Balance. Ausgangsbasis der Modellrechnung ist die Annahme, dass ca. 30 Prozent der Beschäftigten in den nächsten 10 Jahren von implementierten Work-Life-Balance Maßnahmen profitieren können. Die nachfolgend skizzierten Ergebnisse beziehen sich auf das Jahr 2020. Durch die Ausweitung der Work-Life-Balance Maßnahmen kann gemäß der Prognos AG (2005) ein *zusätzliches Bruttoinlandsprodukt* von 248 Mrd. Euro erzielt werden. Ebenso werden die Wettbewerbsfähigkeit auf internationalem Sektor und die *Produktivität pro Erwerbstätigenstunde* gesteigert.

Konkret zeigen sich die Effekte der Work-Life-Balance darin, dass es Familien erleichtert wird, ihre Kinderwünsche zu erfüllen. Die Konsequenz wäre eine *Erhöhung der Geburtenrate* auf 1,56 Kinder pro Frau, was zu 986.000 zusätzlichen Geburten in den nächsten zehn Jahren führen könnte. Dadurch wäre eine Stabilisierung der Bevölkerungszahl möglich, wodurch der zunehmenden Überalterung der Gesellschaft entgegengewirkt werden könnte. Aufgrund der höheren Erwerbstätigenquote und der *Stärkung der Beschäftigungsverhältnisse* könnten 221.000 neue Arbeitsplätze geschaffen werden, wodurch gleichzeitig dem privaten Haushalt mehr finanzielle Mittel zur Verfügung stünden. Für den Arbeitgeber könnten sich positive Effekte in Form einer Reduktion der Lohnnebenkosten durch Stärkung der Sozialversicherung ergeben. Die *Einsparung bei den Sozialversicherungsbeiträgen* belaufen sich in der Modellrechnung auf ca. 114 Mrd. Euro. Ebenso können die *Krankenkassen* (Einsparungspotenzial: 0,8 Prozentpunkte im Jahr 2020) und die *Arbeitslosenversicherung* (ca. 54 Mrd. Euro) Kosten durch Work-Life-Balance Maßnahmen einsparen. Die gesamtwirtschaftlichen Effekte einer konsequenten und nachhaltigen Implementierung von Work-Life-Balance Maßnahmen sind somit vielfältig.

4.4.2 Auswirkungen auf das Unternehmen

Die exakte Bestimmung des wirtschaftlichen Nutzens von Work-Life-Balance Maßnahmen auf Unternehmensebene gestaltet sich schwierig. Das liegt daran, dass Work-Life-Balance Maßnahmen in der Regel nicht einzeln implementiert werden, sondern in Form von Maßnahmenpaketen, wodurch eine isolierte Nutzenberechnung kaum möglich ist. Darüber hinaus ist der Zugang zu den relevanten Unternehmenskennwerten zumeist kompliziert. Um sich dem Thema der Nutzenbestimmung zu nähern, gibt es verschiedene Möglichkeiten: eine Modellrechnung, eine Generalisierung von Fallstudien und die Nutzenbestimmung von Einzelmaßnahmen.

Die Modellrechnung ist eine theoretische Vorgehensweise, bei der bestimmte Zahlen und Faktoren allgemein geschätzt werden. Fallstudien hingegen sind praxisnäher, haben jedoch den Nachteil, dass es sich oftmals um spezielle

Branchen oder Zielgruppen handelt, so dass die Generalisierung und Übertragung auf andere Fragestellungen nicht immer zielführend ist (Juncke, 2005).

Die Evaluation von Einzelmaßnahmen ist die am leichtesten einzusetzende Methode. Dabei können entweder vorhandene Kennzahlen genutzt oder – wenn unternehmensseitig keine objektiven Daten vorliegen – kann auf sogenannte „weiche" Faktoren wie Mitarbeiterzufriedenheitsurteile zurückgegriffen werden. Diese können quantitativ in Form von Fragebögen oder qualitativ auf Basis von Interviews erhoben werden (Michalk & Nieder, 2007). Das Zurückgreifen auf die Evaluation von Maßnahmen wäre der sinnvollste Weg, um konkret den Nutzen einer Maßnahme zu bestimmen. Dabei bleiben jedoch Wechselwirkungen zwischen verschiedenen Maßnahmen unbeachtet, so dass letztlich keine vollständige Nutzenabschätzung möglich ist. Abbildung 25 verdeutlicht direkte und indirekte Auswirkungen von Maßnahmen im Kontext einer familienfreundlichen Personalpolitik. Diese bieten Ansatzpunkte für Nutzenabschätzungen von Einzelmaßnahmen wie bspw. die Ableitung von Kennzahlen für Fehlzeiten, Kosten für die Rekrutierung von Mitarbeitern, Fluktuationszahlen, Mitarbeiterzufriedenheit oder die Nutzung von und Reintegration nach Elternzeit, um nur einige zu nennen.

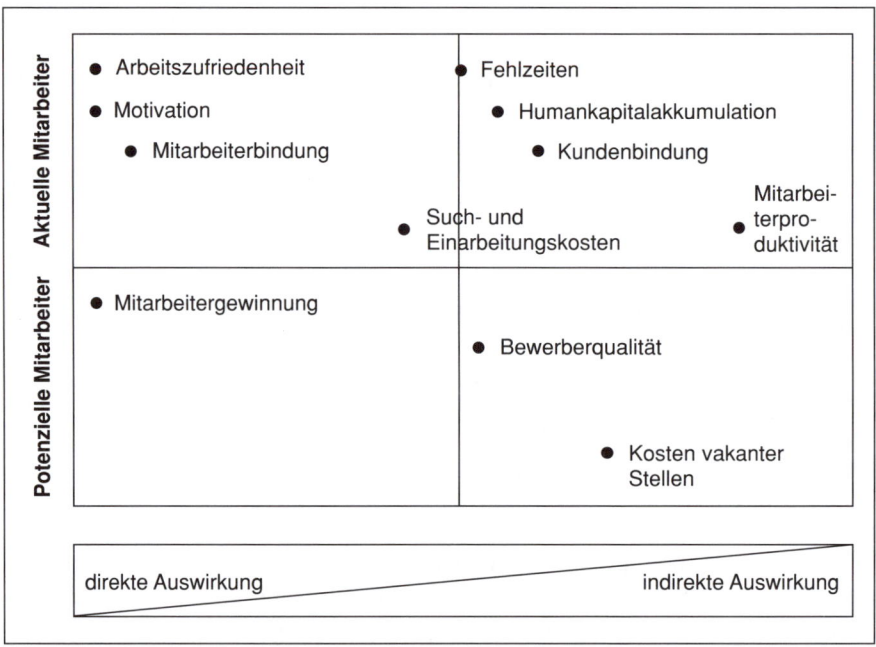

Abbildung 25:
Wirkungsbereiche und Wirkungsweisen familienbewusster Personalpolitik
(Schneider et al., 2008)

Welche Kennzahlen zu Rate gezogen werden, hängt stark von der durchgeführten Interventionsmaßnahme ab. Wird bspw. ein Programm zur Gesundheitsförderung aufgesetzt (vgl. dazu Kapitel 5), könnte die Anzahl der
Teilnehmer, Fehlzeiten, Ursachen für Fehlzeiten, Zugriffe auf das Gesundheitsportal, Nutzung von betrieblichen Sportangeboten oder die Nachfrage
nach gesunden Essensangeboten in der Kantine analysiert werden. Letztendlich werden die Möglichkeiten der Nutzenbestimmung jedoch dadurch
determiniert, auf welche Daten man Zugriff hat und welche rechtlichen
Beschränkungen gegeben sind.

In einer Studie, bei der 433 deutsche Unternehmen hinsichtlich der Auswirkungen der Implementierung einzelner Work-Life-Balance Maßnahmen
befragt wurden, zeigen sich positive Effekte auf verschiedenen Ebenen
(s. Abb. 26).

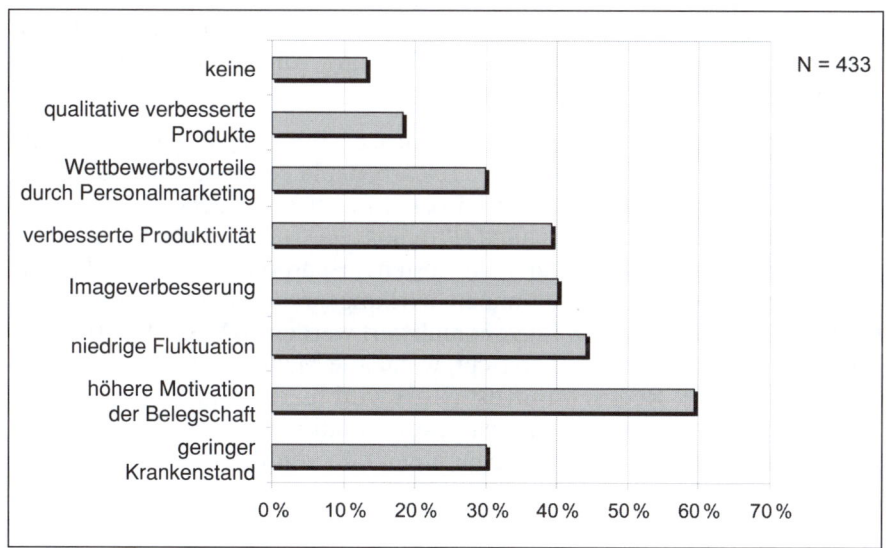

Abbildung 26:
Positive Auswirkungen familienfreundlicher Maßnahmen (Angabe des Prozentsatzes der
befragten Unternehmen, die positive Effekte der Work-Life-Balance Maßnahmen in dem
jeweiligen Bereich festgestellt haben, Mehrfachnennungen möglich; Forst & Hoehner,
2003, S. 24)

Die Motivation der Beschäftigten ist bei insgesamt 59,4 Prozent der Unternehmen gestiegen, wobei Unternehmen mit 1.001 bis 3.000 Beschäftigten
am stärksten von den durchgeführten Maßnahmen profitieren (Anstieg der
Mitarbeitermotivation bei 72,5 Prozent der Unternehmen dieser Größe).
Auch berichten insgesamt 44,1 Prozent der Unternehmen eine niedrige
Fluktuation als Auswirkung einer familienfreundlichen Unternehmenspolitik. Interessanterweise zeigt die Studie, dass größere Unternehmen (mehr

73

als 1.000 Beschäftigte) eher dazu bereit sind, Work-Life-Balance Maßnahmen zu implementieren und das Angebot zukünftig weiter auszubauen (Forst & Hoehner, 2003).

Neben der Studie von Forst und Hoehner (2003) bieten auch Berechnungen der Prognos AG (2005) einen Orientierungsrahmen zur Bestimmung des Kosten-Nutzen-Verhältnisses familienfreundlicher Maßnahmen. Im Gegensatz zu der zuvor dargestellten Studie handelt es sich bei den Daten von Prognos (2005) jedoch um Schätzwerte, die anhand der Daten aus 10 Unternehmen ermittelt wurden. Deutliche Nutzeneffekte familienfreundlicher Maßnahmen zeigen sich in der Modellrechnung von Prognos (2005) bereits bei der Gegenüberstellung der vermeidbaren Personalkosten (Überbrückungs-, Wiedereingliederungs-, Fehlzeiten-, und Fluktuationskosten) und der Aufwendungen, die für die Einführung von familienfreundlichen Maßnahmen notwendig sind. Legt man eine Mitarbeiteranzahl von 1.500 Personen zugrunde, beziffert sich das Einsparpotenzial auf 70.000 bzw. 35.000 Euro pro Beschäftigtem in Elternzeit, abhängig von den jeweiligen Personalkosten.

Kosten-Nutzen-Verhältnis von Work-Life-Balance Maßnahmen

„Familienfreundliche Maßnahmen" umfassen Beratungs- und Kontaktangebote, flexible Arbeitszeitmodelle, Telearbeitsplätze sowie eine ganztägige betriebliche Kinderbetreuung. Die Kosten für diese Angebote werden mit jährlich 304.113 Euro veranschlagt (Prognos, 2005). In der Modellrechnung wird in konservativer Auslegung ein Kosteneinsparpotenzial von 55 Prozent angenommen – bei einem optimalen Wirkungsgrad könnte sogar ein Kosteneinsparpotenzial von 78 Prozent realisiert werden (BMFSFJ, 2003). Der optimale Wirkungsgrad wird erreicht, wenn alle Maßnahmen sinnvoll ineinandergreifen. Der Return on Invest (RoI) wird hierbei mit 25 Prozent veranschlagt. Da die verwendeten Daten konservativ angesetzt sind, vermutet Kalveram (2008) in der Praxis sogar einen höheren RoI.

4.4.3 Auswirkungen auf das Individuum

Die Nutzung von Work-Life-Balance Maßnahmen hat natürlich auch für das Individuum positive Effekte. Diese können sich bspw. darin äußern, dass sich junge Paare ihren Kinderwunsch leichter und früher erfüllen können – ohne gravierende finanzielle Einbußen hinnehmen zu müssen. Ältere Beschäftigte hingegen können ihre Leistungsfähigkeit erhalten und Führungskräfte trotz des hohen Arbeitspensums private Interessen verfolgen (Prognos AG, 2005). Darüber hinaus können Berufstätige durch die Wahrnehmung von Weiterbildungsmaßnahmen und Maßnahmen zur Erhaltung der Leistungsfähigkeit ihr Beschäftigungsverhältnis sichern (Prognos AG, 2005). Allerdings wirken nicht alle Maßnahmen personenübergreifend und nicht jedes zur Verfügung stehende Angebot wird auch genutzt. Häufig besteht nach wie vor die Angst, durch die Inanspruchnahme von Work-Life-Balance Maßnahmen Schwäche zu zeigen und Nachteile in Kauf nehmen zu müssen. Dies steht der positiven Wirkung der Work-Life-Balance Maßnahmen entgegen (Kalveram, 2008).

Allein die Verbesserung der Vereinbarkeit von privater Lebensplanung und beruflicher Tätigkeit führt dazu, dass weniger „Entweder-oder"-Entscheidungen gefällt werden müssen. Stattdessen wird eine „Sowohl-als-auch"-Option eröffnet. Das führt in der Konsequenz zu einer höheren Lebensqualität und Lebenszufriedenheit und zu veränderten Berufsbiografien. Positive Wechselwirkungen der Bereiche zeigen sich darin, dass bspw. ein erfülltes Berufsleben Stress im familiären Kontext reduzieren kann oder dass die Zufriedenheit im Privatleben zu einer gesteigerten Leistungsfähigkeit im Berufsleben beiträgt.

Bessere Vereinbarkeit der Lebensbereiche

Durch die Auseinandersetzung mit Stressoren und Ressourcen können der Umgang mit und die Einstellung zu Stress modifiziert werden – auf kognitiver und affektiver Ebene. Dadurch werden mehr Zufriedenheitserlebnisse geschaffen, die einen Ausgleich zur Anstrengung und Anspannung des Alltags bieten. Dieser Effekt konnte vielfach nachgewiesen werden (Wagner-Link, 2010). Regelmäßiger Sport, gesunde Ernährung und ein angemessener Umgang mit Stimulanzien (bspw. Alkohol) verbessern die Stressresistenz und dienen der Erhaltung der physischen und psychischen Gesundheit. Die Verlängerung der individuellen Lebenserwartung durch regelmäßige körperliche Aktivität beträgt Studien zufolge ca. 2 Jahre (Sallis & Owen, 1999).

Reduktion von Stress

Besseres Gesundheitsverhalten

Um den Anforderungen des informationstechnischen Wandels gerecht zu werden, muss der Gedanke des lebenslangen Lernens stärker etabliert werden (Gerster, Dietz, Pfeiffer & Schneider, 2008). Die Realisierung dieses Anspruchs und die sinnvolle Einbettung in den Arbeitsprozess kann durch Work-Life-Balance Maßnahmen im unternehmerischen Kontext positiv unterstützt werden.

Verzahnung von beruflicher Tätigkeit und Lernen

Work-Life-Balance Maßnahmen haben Einfluss auf familiäre und familienübergreifende Beziehungen. Das Vorhandensein und die Qualität des sozialen Netzwerkes determiniert das Ausmaß an sozialer Geborgenheit und hat damit sowohl direkt als auch indirekt Einfluss auf die Lebenserwartung, Belastbarkeit und Krankheitsanfälligkeit (Knoll & Schwarzer, 2005). Die Klärung, Reflexion und der Abgleich von expliziten (d. h. bewussten) Zielen und impliziten (oft nicht bewussten oder schwer explizierbaren) Motiven bildet die Voraussetzung zur Befriedigung der eigenen Bedürfnisse und Wünsche. Dies wirkt sich positiv auf das individuelle Maß an Zufriedenheit aus (Sachse, 2009).

Entwicklung sozialer Beziehungen

Klärung eigener Motive, Wünsche und Ziele

Tradierte Rollenbilder können durch Work-Life-Balance Maßnahmen verändert werden. Das Bild des Mannes als Alleinverdiener und das Bild der

Veränderung von Rollenbildern

Frau als Hausfrau und Mutter (allenfalls mit geringem Einkommen) lösen sich nach und nach auf. Das ermöglicht dem Mann, sich in die Erziehungsarbeit stärker einzubinden und der Frau, wieder früher in die Erwerbstätigkeit einzutreten. Berufstätige Menschen nehmen in der Regel auch noch andere Rollen ein, bspw. in Form gesellschaftlichen Engagements. Dieses Engagement führt zum Erwerb überfachlicher Kompetenzen, wie bspw. dem Ausbau kommunikativer Fähigkeiten, einer Erhöhung der Verantwortungsübernahme und Stärkung der Selbststeuerung. Diese Fähigkeiten können sich dann wieder positiv auf den beruflichen Lebensbereich auswirken bzw. sich gegenseitig stimulieren.

Stärkung der gesellschaftlichen Teilhabe

Ansatzpunkte und positive Effekte von Work-Life-Balance Maßnahmen

Work-Life-Balance Maßnahmen setzen unmittelbar beim Wechselspiel von ökonomischer, privater, politischer und sozialer Lebenssphäre an. Durch die Wahrnehmung unterschiedlicher Aufgaben werden Perspektivwechsel und das Überdenken verschiedener Handlungsoptionen ermöglicht. Gerade die Ausweitung des persönlichen und gesellschaftlichen Gestaltungsspielraumes beeinflusst andere Lebensbereiche positiv.

---

5 Fallbeispiele

5.1 Beispiel: Coaching

Im Folgenden wird ein individueller Fall geschildert, in dem im Zuge einer beruflichen Standortbestimmung das Thema Work-Life-Balance aufgegriffen wurde. Der Ausgangspunkt der beruflichen Standortbestimmung war eine Klärung der beruflichen Stärken und Entwicklungsbereiche, um langfristig zufrieden und erfolgreich die berufliche Tätigkeit ausüben zu können.

IST-Situation vor dem Work-Life-Balance Coaching

Herr M. ist Führungskraft, Mitte 40, verheiratet und Vater von zwei Söhnen im Teenageralter. Im Rahmen der beruflichen Standortbestimmung thematisiert Herr M., dass er aufgrund eines ca. monatlich auftretenden Vorhofflimmerns seit drei Jahren dazu gezwungen sei, Betablocker einzunehmen. Diese Erkrankung würde auch seine Belastbarkeit einschränken. Darüber hinaus beschrieb er sich als Person, die sich selbst stark unter Druck setze, sich bei Misserfolgen hinterfrage und sowohl privat als auch beruflich viel Energie auf Konflikte verwende. Dies trage dazu bei, den subjektiv empfundenen Stresslevel noch weiter zu steigern. Probleme innerhalb der Partnerschaft bestünden darin, dass oftmals kein einheitlicher Umgang mit familiären Themen (z. B. Gesundheitsproblemen des jüngeren Sohnes und Erziehungsfragen insgesamt) abstimmbar sei. Darüber hinaus habe er innerhalb der Paarbeziehung auch das Gefühl, bei vielen Themen allein gelassen zu sein. Aufgrund der Schilderungen von Herrn M. wurde besprochen, dass er das Bochumer Inventar zu beruflich relevanten Lebenskonzepten (BIL, vgl. Kap. 2.6) ausfüllt. Dieses Selbstbild wurde im Anschluss mit ihm persönlich besprochen. Die Abbildung 27 zeigt das Ergebnisprofil inklusive aller Skalen und Facetten.

Grundlage des in Abbildung 27 dargestellten Ergebnisprofils ist der Abgleich der individuellen Werte von Herrn M. mit einer Vergleichsstichprobe (ca. 1.200 Personen). Für die einzelnen Bereiche des BIL und die zugehörigen Skalen wird ein Stanine-Normstufenwert von eins (kleinste Ausprägung) bis neun (höchste Ausprägung) ausgewiesen. Diesem Normierungsverfahren liegt die Annahme zugrunde, dass die überwiegende Mehrheit der Bevölkerung eine mittlere Ausprägung dieser Eigenschaft hat und nur wenige Menschen extrem stark von dieser Ausprägung abweichen. Ein Wert im mittleren Bereich (Normstufen vier bis sechs) entspricht also dem Durchschnitt der Vergleichsgruppe. Im Umkehrschluss bedeutet dies, dass die Normwerte eins oder neun einen Hinweis darauf geben, dass lediglich eine geringe Prozentzahl der Referenzgruppe (4 %) eine ähnlich geringe bzw. starke Ausprägung in diesem Bereich aufweist. Dies führt dazu, dass bei der Interpretation des Profils Bereichen bzw. Skalen, die einen niedrigen Wert (1–3) aufweisen, ein besonderes Augenmerk geschenkt werden sollte.

Im Bereich der „beruflichen Dimension" zeigt sich sehr deutlich ein Spannungsfeld, das sich aus der Frage speist, inwieweit sein beruflicher Weg tatsächlich zu ihm passt. Im Gespräch stellte sich heraus, dass Herr M. seinen ursprünglichen Wunsch, Sport und Mathematik auf Lehramt zu studieren, zugunsten eines Umzugs in eine gemeinsame Wohnung mit seiner jetzigen Ehefrau (bis dahin Fernbeziehung) aufgab und stattdessen eine mathematisch-technisch orientierte Ausbildung aufnahm, bei der sofort Einkünfte erzielt wurden, die eine gemeinsame Wohnung finanzieren konnten. Darüber hinaus wurde deutlich, dass er diesen Schritt innerlich zuweilen bereut. Eine Bewusstmachung und Auseinandersetzung mit der Thematik war der erste Schritt, um dieses Thema zu bearbeiten.

Konfliktfeld Berufswahl

Im Bereich der „sozialen Dimension" (besonders in der Facette „Balance Lebensbereiche") zeigt sich bei Herrn M. Unausgeglichenheit und Überlas-

Konfliktfeld Privatleben

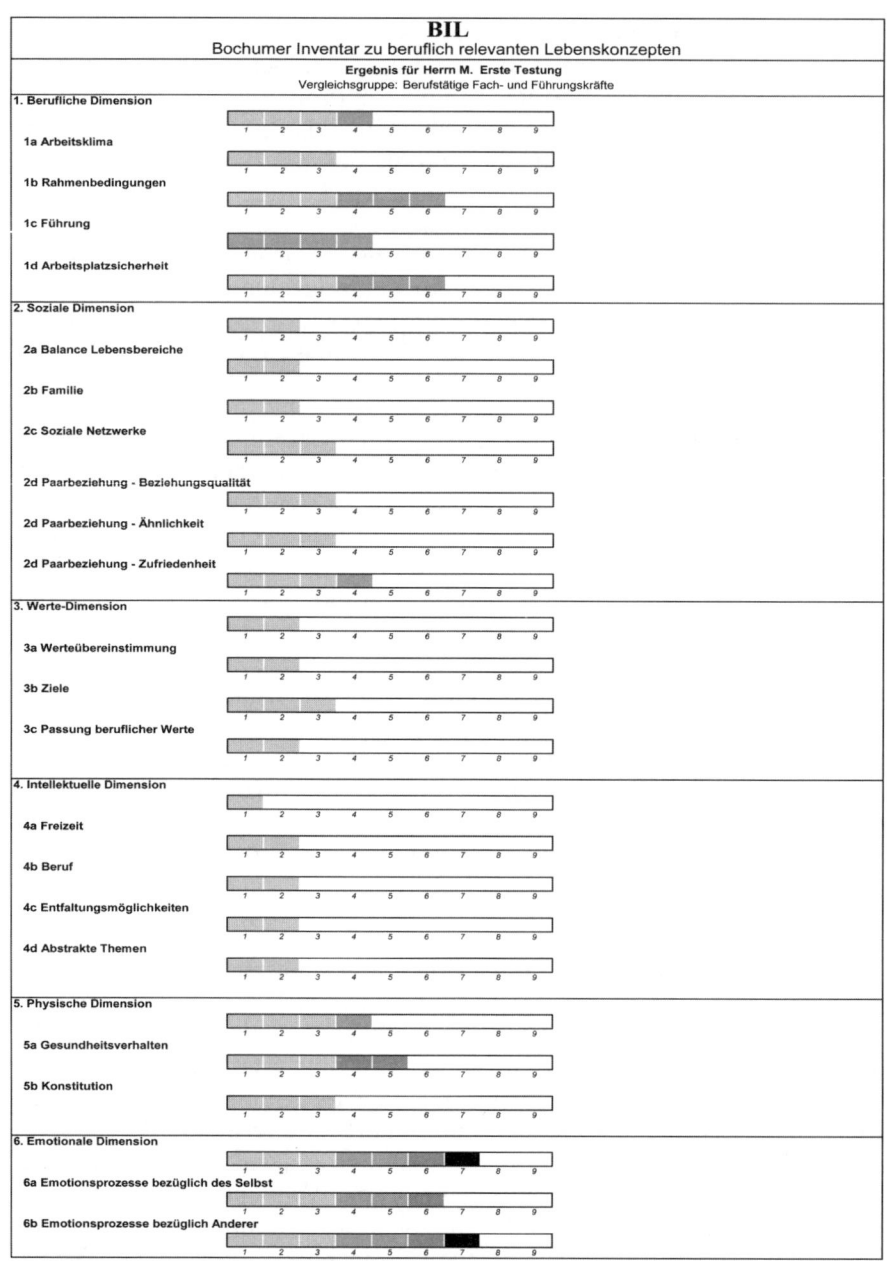

Anmerkungen: Abweichungen in der Benennung der Bereiche bzw. Dimensionen im Vergleich zu dem in Kap. 3.4.3 beschriebenen Verfahren sind darauf zurückzuführen, dass im Rahmen des Coachings eine ältere Fragebogenversion zum Einsatz kam. Die Persönlichkeitsdimensionen waren in dieser noch nicht enthalten.

Abbildung 27:
BIL-Profil von Herrn M. vor dem Coaching

78

tung. Die enorme Arbeitsbelastung und der Druck, den er sich zum Teil auch selbst auferlegt sowie die geringe Zeit für das Privatleben sind Ausdruck dessen. Sowohl innerhalb der Ursprungsfamilie als auch der eigenen Familie zeigen sich Konfliktpotenziale, die im Gespräch genauer analysiert wurden.

Im Rahmen des Gesprächs wurde deutlich, dass es Herrn M. schwer fiel, eigene Werte und Lebensziele zu benennen. Um in Übereinstimmung mit diesen handeln zu können, war die Bewusstmachung der eigenen Werte und Lebensziele notwendig.

In der Vergangenheit machte Herr M. viel Sport, was auch sein ursprünglicher Berufswunsch widerspiegelt. Aufgrund der beruflichen Belastungen ist sowohl die regelmäßige sportliche Betätigung als auch ein bewusster Umgang mit Ernährung zurückgestellt worden, mit der Konsequenz, dass sich seine Belastbarkeit und das Wohlbefinden reduzierten. Schon die Visualisierung dieser Konfliktfelder und die Auseinandersetzung damit im Gespräch lösten einen Veränderungsprozess aus. Der wichtigste Schritt für Herrn M. war, dass er sich auf sportliche Aktivität als Ressource besann und sich diesbezüglich bewusst Ziele setzte. Mittlerweile geht Herr M. wieder regelmäßig Laufen und ins Fitnessstudio und nimmt sich dafür ca. fünfmal pro Woche Zeit. Hieraus leiten sich weitere positive Effekte ab. Durch den Ausdauersport und die dafür benötigte Zeit ist Herr M. gezwungen, gelegentlich den Arbeitsplatz etwas früher zu verlassen. Ausdauersport bewirkt aber u. a. durch die Ausschüttung von Endorphinen, Serotonin, Dopamin und Noradrenalin, dass Stress abgebaut wird und sich das Wohlbefinden, die Leistungsfähigkeit, die Konzentrationsfähigkeit und das Selbstbewusstsein erhöhen. Dadurch ist Herr M. auch besser in der Lage, von beruflichen Themen Abstand zu bekommen und abzuschalten. Durch eine bewusstere Ernährung und den Ausdauersport konnte Herr M. zudem ohne viel Anstrengung sein Körpergewicht reduzieren, was sich wiederum positiv auf sein Wohlbefinden und seine Leistungsfähigkeit auswirkte. Die Medikamenteneinnahme wurde vor einem halben Jahr eingestellt. Seither traten keine neuen Anfälle auf. Darüber hinaus nimmt sich Herr M. nun in regelmäßigen Abständen Zeit, um zu hinterfragen, ob er angemessen mit sich und anderen umgeht. Dies trägt der Tatsache Rechnung, dass nur er selbst entscheiden kann, was für ihn wichtig und hilfreich ist und wie seine Balance und Lebenszufriedenheit aussieht. Nach zwölf Monaten bearbeitete Herr M. das BIL erneut. Die Veränderung, die sich infolge der Gespräche ergeben hat, wird in der nachfolgenden Abbildung deutlich. In fast allen Bereichen zeigen sich Verbesserungen hinsichtlich seiner individuellen Zufriedenheit. Massiv ist die Abweichung bei der Facette „Konstitution" im Bereich der „physischen Dimension", die sich aus den oben angeführten Maßnahmen erklärt.

Regelmäßige sportliche Aktivität als Ressource

Zufriedenheitszuwachs infolge der verbesserten Work-Life-Balance

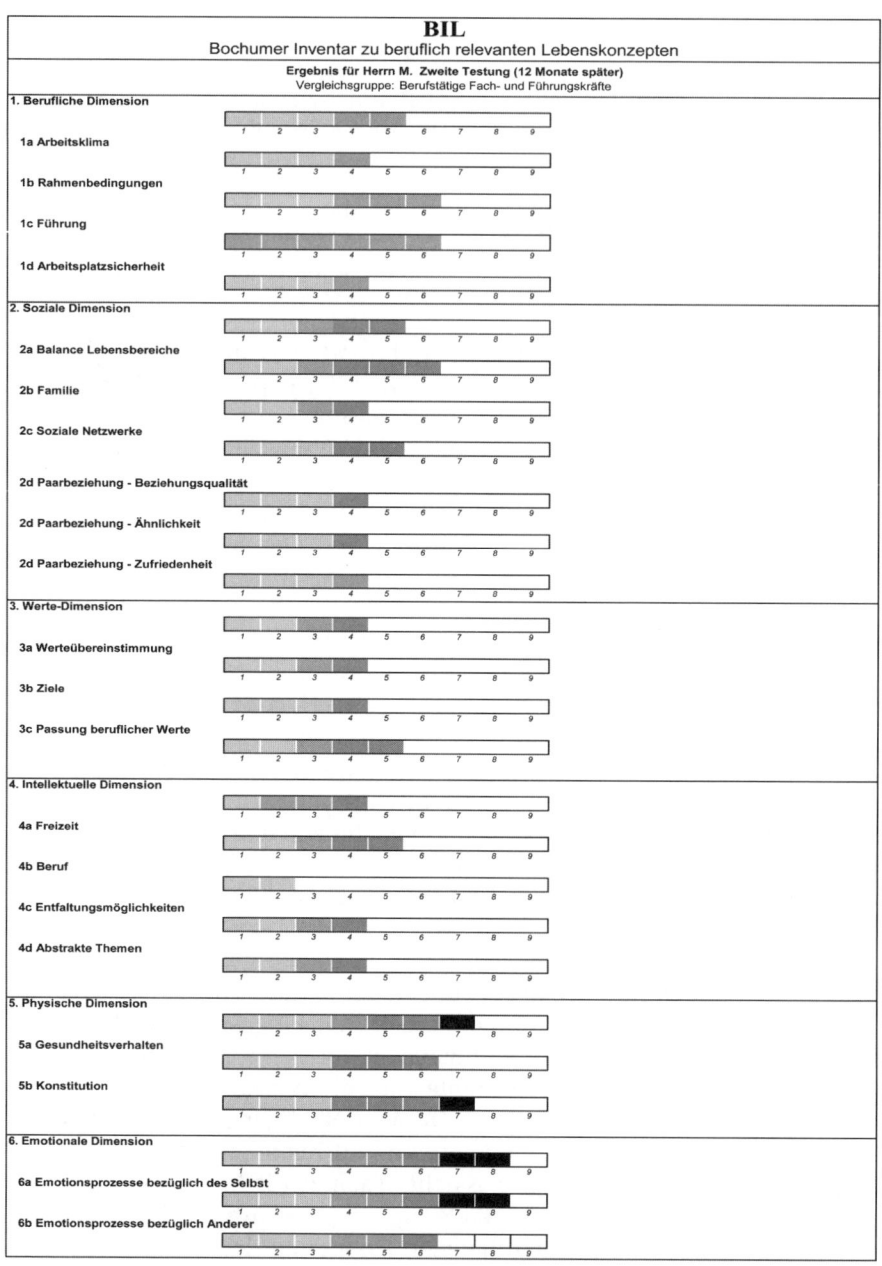

Anmerkungen: Abweichungen in der Benennung der Bereiche bzw. Dimensionen im Vergleich zu dem in Kap. 3.4.3 beschriebenen Verfahren sind darauf zurückzuführen, dass im Rahmen des Coachings eine ältere Fragebogenversion zum Einsatz kam. Die Persönlichkeitsdimensionen waren in dieser noch nicht enthalten.

Abbildung 28:
BIL-Profil von Herrn M. nach dem Coaching

Einsatz von Work-Life-Balance Instrumenten im Coaching

Instrumente zur Erfassung der Work-Life-Balance stellen eine sinnvolle Basis für Coachingprozesse dar. Die differenzierte Betrachtung verschiedener Lebensbereiche bietet die Möglichkeit, Disbalancen zu identifizieren und Veränderungsprozesse anzustoßen. Eine Gegenüberstellung der Ergebnisse vor und nach dem Coaching verdeutlicht, in welchen Lebensbereichen sich die Zufriedenheit verändert hat. Die Bewusstmachung von Handlungsfeldern, Selbstreflexion, der achtsame Umgang mit sich selbst und die Aktivierung von bzw. Besinnung auf eigene Ressourcen können Veränderungen anstoßen, die bereits nach kurzer Zeit positive Effekte auf die Work-Life-Balance zeigen. Es sollte jedoch bedacht werden, dass Work-Life-Balance einen lebenslangen Prozess darstellt, der in unterschiedlichen Lebensphasen anders gestaltet kann bzw. muss.

5.2   Beispiel Versicherung: Provinzial NordWest

Ausgehend von der Überzeugung, dass das individuelle Wohlbefinden eine zentrale Voraussetzung für den Erfolg des Unternehmens ist, verfolgt das betriebliche Gesundheitsmanagement der Provinzial NordWest das Ziel, das individuelle Wohlbefinden der Beschäftigten zu erhöhen. Auf diesem Weg können die Arbeitsqualität und Produktivität sowie die Identifikation mit dem Unternehmen positiv beeinflusst und die Gesundheit und Leistungsfähigkeit des Unternehmens gestärkt werden. Darüber hinaus wird die Grundlage gelegt, um sich abzeichnenden Herausforderungen in Markt und Gesellschaft (z.B. der demografischen Entwicklung) selbstbewusst zu begegnen. Unterstrichen wird die Bedeutung des Gesundheitsmanagements durch branchenbezogene Daten zu Leistungseinschränkungen am Arbeitsplatz, die schätzen, dass sich ca. 54 % der Arbeitnehmer in Banken und Versicherungen durch Beschwerden oder Konflikte (am Arbeitsplatz, im privaten oder gesundheitlichen Bereich) in ihrer Leistungsfähigkeit eingeschränkt fühlen. Damit bekommt das strategische Gesundheitsmanagement auf mehreren Ebenen Bedeutung. Es soll die

Gesundheitsverständnis der Provinzial NordWest

– Gesundheit des Unternehmens und der Mitarbeiter
– die Ressource Führung
– die Motivation der Mitarbeiter
– die Identität und Identifikation der Mitarbeiter mit dem Unternehmen (besonders in Zeiten intensiver Veränderungen)

stärken und die Grundlage dafür bilden, den Unternehmenserfolg kontinuierlich weiter auszubauen.

Inhaltlich orientiert sich das betriebliche Gesundheitsmanagement am Sozialkapitalansatz von Badura (2008, vgl. Kapitel 1.3.1), der die Unternehmens-, Führungs- und Zusammenarbeitskultur, gemeinsam geteilte Werte und Überzeugungen sowie optimale Arbeitsbedingungen als zentrale Treiber des Wohlbefindens definiert.

Der Impuls für den Aufbau eines betrieblichen Gesundheitsmanagements entstand aus der Weiterführung der gelebten Unternehmens- und Führungskultur, die in den von Mitarbeitern erarbeiteten Leitlinien zur Zusammenarbeit und Führung verankert ist und den Fokus auf den Austausch zwischen den und innerhalb der verschiedenen Ebenen des Unternehmens legt. Konsequenterweise bestand der erste Schritt in Richtung eines gemeinsamen Gesundheitsverständnisses demnach auch darin, mit den verschiedenen Unternehmensbereichen in Dialog zu treten. Im Rahmen von Gesprächen und Workshops mit der oberen Führungsebene (Hauptabteilungsleiter, Personalleiter, Arbeitsdirektor) wurde ein gemeinsames Gesundheitsverständnis erarbeitet, die Ausrichtung und der weitere Prozess festgelegt und Anregungen aus den Fachbereichen aufgenommen. Die Einbindung der Führungsebene trägt der Tatsache Rechnung, dass zunächst einmal das Bewusstsein dafür geschaffen werden muss, dass die Schaffung gesundheitsförderlicher Rahmenbedingungen eine Führungsaufgabe darstellt. Um diese Aufgabe erfüllen zu können, wurden die Führungskräfte hinsichtlich der Wirkungsweise eines gesundheitlichen Führungsstils und partnerschaftlicher Führung sensibilisiert, entsprechend qualifiziert und durch einen Gesundheitsmanager im Unternehmen unterstützt.

Schritte zum Aufbau eines gemeinsamen Gesundheitsverständnisses

Bei der Implementierung des Gesundheitsmanagements wird Wert darauf gelegt, die bestehenden Instrumente, Strukturen und Prozesse im Unternehmen um die gesundheitlichen Aspekte/Perspektive zu erweitern und zu ergänzen, anstatt durch einen komplett neuen Ansatz zusätzliche Aufgaben zu schaffen. Hierbei kommt – neben der Selbstverantwortung der Mitarbeiter – den Führungskräften eine besondere Bedeutung zu. Vor diesem Hintergrund wurde sowohl ein Steuerkreis (Besetzung aus allen Hierarchie-Ebenen, einschließlich Betriebsrat) als auch eine Projektgruppe zum betrieblichen Gesundheitsmanagement gebildet. Während die Aufgabe des Steuerkreises darin besteht, strategische Fragestellungen (grundsätzliche Ausrichtung, Zuständigkeiten, Rahmenbedingungen etc.) zu besprechen, liegt der Fokus der Projektgruppe auf der Planung, Koordination, Umsetzung und Evaluation von Maßnahmen und Projekten.

Etablierung eines Steuerkreises und einer Projektgruppe

Zur konkreten Lokalisierung von Handlungsfeldern im Unternehmen wurde (in Zusammenarbeit mit einer Unternehmensberatung) eine konzernweite Mitarbeiterbefragung durchgeführt, die die zentralen Themenfelder der Leitlinien und des Gesundheitsverständnisses aufgriff. Gesundheitsförderliche Aspekte der Arbeitssituation wurden im Rahmen dieser Befragung sowohl direkt (z. B. Fragen zu den Themenkomplexen Gesundheit und Stress) als auch indirekt (Aspekte der Führung, Zusammenarbeit, persönliche Entwicklung, Arbeitsbedingungen, Unternehmenskultur etc.) erfasst. Durch die hohe Beteiligung der Mitarbeiter (Rücklaufquote: 81 Prozent) und die detaillierte Aufarbeitung der Ergebnisse ließ sich aus den Ergebnissen ein repräsentatives Bild über Stärken und Handlungsfelder in den verschiedenen Unternehmensbereichen ableiten.

Lokalisierung von Handlungsfeldern

Im Nachgang der Befragung wurden die Ergebnisse der Mitarbeiterbefragung kaskadenförmig von der Ressortebene bis in die einzelnen Abteilungen kommuniziert und konkrete Maßnahmen abgeleitet. Unternehmensbereiche, in denen sich deutliche Handlungsfelder abzeichneten, wurden proaktiv durch die Personalabteilung angesprochen und bei der Ableitung von Maßnahmen unterstützt. Etwa ein halbes bis dreiviertel Jahr nach der Kommunikation der Ergebnisse wurde erneut der Dialog zwischen der Personalabteilung und den Unternehmensbereichen gesucht, analysiert, welche Maßnahmen bereits ergriffen wurden und ein Ausblick auf weitere Handlungsfelder gegeben. Dieser Prozess des Austausches zwischen den Unternehmensbereichen und der Personalabteilung findet fortlaufend in regelmäßigen Abständen statt. Bei übergeordneten Fragestellungen, die abteilungsübergreifende Relevanz hatten, wurden zum Teil Fokusgruppen gebildet, die sich noch einmal detaillierter mit der jeweiligen Fragestellung beschäftigen. Um einen Einblick in die Vielfalt der bei der Provinzial NordWest getroffenen Maßnahmen zu erhalten, wird eine Auswahl in Tabelle 17 dargestellt.

Folgeprozesse nach der Lokalisation von Handlungsfeldern

Tabelle 17:
Gesundheitsförderliche Maßnahmen und strategische Gesundheitsmaßnahmen
der Provinzial NordWest am Standort Münster

| Umsetzungsstatus | bereits etabliert | – mitarbeiterorientierter Führungsstil
– externe Mitarbeiterberatung bei arbeitsbezogenen, gesundheitlichen und psychosozialen, persönlichen und familiären Fragestellungen sowie bei Suchtgefährdungen oder Abhängigkeitserkrankungen
– Gesundheitstage
– Physiotherapeutische Angebote für Mitarbeiter
– Vorträge zu gesundheitsrelevanten Themen
– Gesundheits-Check-up für Hauptabteilungsleiter
– Arbeitsplatzbegehungen durch Betriebsarzt
– Jährliche Grippeschutzimpfungen und Augenuntersuchungen durch den Betriebsarzt
– Betriebssport, Sportmöglichkeiten vor Ort (Yoga, Pilates, Rückenfitness etc., Raum mit Fitnessgeräten)
– Gymnastik am Arbeitsplatz mit dem Programm „Fit@Work"
– firmeninterne Weight Watchers Gruppe
– Schaffung von Regelungen zum Nichtraucherschutz
– Ausstattung aller Arbeitsplätze mit höhenverstellbaren Tischen
– Überprüfung der PC-Anwendungen auf Software-Ergonomie
– Mobilzeit (Gleitzeit, Lebensarbeitszeitkonten)
– etc. |
| | zukünftig geplant | – konzernweite Implementierung des betrieblichen Gesundheitsmanagements
– Einführung eines innerbetriebliches Suchtkonzepts, bestehend aus
  • einer Betriebsvereinbarung mit klarem Stufenplan
  • Schulung der Führungskräfte hinsichtlich der Vorgehensweise nach Stufenplan, dem Erkennen gefährdeter Mitarbeiter sowie dem richtigen Ansprechen des Themas Sucht
– Ausbau der gesundheitsfördernden Aktivitäten (bspw. Ernährungskurse, stresspräventive Angebote) etc. |

Der nächste Schritt für die Provinzial NordWest besteht darin, den am Standort Münster bereits fest etablierten Ansatz auf die anderen Unternehmensstandorte zu übertragen und auf diesem Weg das Gesundheitsverständnis und das Verständnis der Führungskraft als Gesundheitsmanager konzernweit zu verankern. Obwohl in diesem Fallbeispiel der Fokus auf das Thema Gesundheitsmanagement gelegt wird, heißt dies keineswegs, dass dies den einzigen Berührungspunkt zur Work-Life-Balance darstellt.

Nahezu zeitgleich zum Aufbau des betrieblichen Gesundheitsmanagements wurde auch ein Projekt zur Vereinbarkeit von Beruf und Familie initiiert, das Maßnahmen wie Kindertagesstätten-Plätze für Mitarbeiterinnen und Mitarbeiter der Provinzial, die Einrichtung eines Eltern-Kind-Büros, Ferienbetreuung für Kinder, Kinder-Notfall-Betreuung sowie Informationen über Pflegeberatungsstellen und Informationsbroschüren zur Pflege umfasst. In Anerkennung dieser Aktivitäten wurde der Provinzial für den Standort Münster im Jahr 2008 von der Hertie-Stiftung das Zertifikat zum Audit berufundfamilie verliehen. Derzeit werden im Rahmen einer konzernweiten Re-Auditierung gezielte Maßnahmen zur Verbesserung der Familienfreundlichkeit an allen Standorten entwickelt.

5.3 Beispiel Energieversorgung: Steag GmbH

Ein Beispiel für einen ganzheitlichen Ansatz im Rahmen von Work-Life-Balance Maßnahmen ist das Gesundheitsförderungsprogramm LIFE – was für **L**angfristige **i**ndividuelle **F**örderung der **E**igenverantwortung steht. Ausgangsbasis zur Aufsetzung dieses umfangreichen Programms war der demografische Wandel und der damit verbundene zukünftige Mangel an Fachkräften. Darüber hinaus sollte der Zunahme von Erkrankungen aufgrund psychischer Überbeanspruchung sowie physischen Erkrankungen wie Herz-Kreislauf-Problemen, Diabetes mellitus, Bluthochdruck, Schlaganfall und Übergewicht begegnet werden. Vor dem Hintergrund eines durchschnittlichen Belegschaftsalters im Kraftwerkbereich von 48 Jahren nimmt die Steag GmbH diese Entwicklung ernst, zumal hausinterne Analysen ergaben, dass die Hauptursache bei Fehlzeiten Langzeiterkrankungen sind. Kernfragen und -ziele, die bei der Projektierung des LIFE-Programms richtungweisend wirkten, sind

– die Aufrechterhaltung der physischen und psychischen Gesundheit und Leistungsfähigkeit trotz der o. g. Rahmenbedingungen,
– die Qualifizierung und Kompetenzerweiterung innerhalb der Mitarbeiterschaft, um den zukünftigen Anforderungen gewachsen zu sein,
– die langfristige Mitarbeiterbindung und Mitarbeiterrekrutierung.

Die Antwort auf diese Herausforderungen ist ein komplexes System der betrieblichen Gesundheitsförderung, das als Ziel die Entwicklung einer betrieblichen Gesundheitskultur verfolgt. LIFE setzt dabei auf die Eigenverantwortung des Mitarbeiters und unterstützt in allen Fragen der gesunden körperlichen, geistig-psychischen und der sozialen Lebensführung und bietet Hilfestellung bei nahezu allen belastenden Situationen des Lebens, die auch im sozialen, wirtschaftlich-finanziellen und pädagogischen Bereich angesiedelt sein können. Wenn sich Mitarbeitende für die Teilnahme an dem Programm entscheiden, beginnt dieses mit einer sogenannten „Sensibilisierungswoche". Diese Woche dient der Bewusstmachung und Auseinandersetzung mit dem neuen Gesundheitsverständnis. Die Woche, die in Zusammenarbeit mit einem Kooperationspartner durchgeführt wird, bietet eine intensive Auseinandersetzung mit der Thematik und beinhaltet folgende Aspekte:

Sensibilisier-
ungswoche

– medizinischer Check
– Ernährungsanalyse
– Einführung in ein Gesundheitsportal
– eigene Standortbestimmung zu den Bereichen Gesundheit, Arbeit und Familie
– Entspannungstechniken
– Workshops zur Ernährung
– vielfältige Sportangebote etc.

Die Sensibilisierungswoche ist der erste Schritt in dem ganzheitlichen Programm und dient dazu, einen individuellen Weg zum eigenen Lebensstilkonzept zu finden. Durch weitere Angebote wird dieses fortgeführt und soll dadurch im Alltag verankert werden. Die Abbildung 29 gibt einen Überblick über den Gesamtprozess.

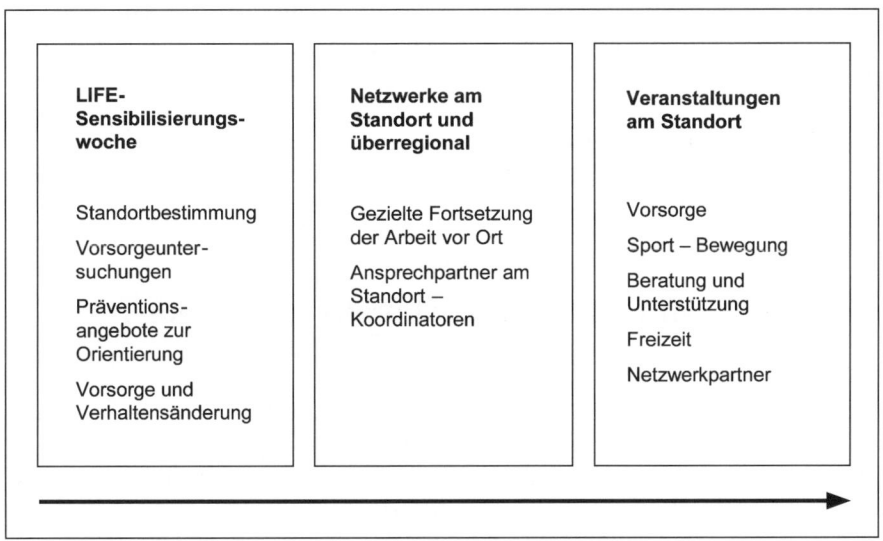

Abbildung 29:
Überblick über das LIFE-Programm

Der ganzheitliche Ansatz wird durch eine intensive Betreuung und Beratung an allen Steag GmbH Standorten vor Ort umgesetzt. Dies wird durch soge- nannte Koordinatoren realisiert, denen innerhalb des Programms eine zen- trale Rolle zukommt. Sie geben Hilfestellung in den Handlungsfeldern Vorsorge, Prävention, Therapie, Rehabilitation, Hilfe in Not- und Krisen- situationen, finanzielle Absicherung und berufliche Entwicklung. Sie bieten auch eine umfassende Unterstützung und Betreuung der Mitarbeitenden durch individuelle Vor- und Nachbetreuung von Gesundheitsmaßnahmen oder durch regelmäßig stattfindende Informationsveranstaltungen. Darüber hinaus sind sie Ansprechpartner für Führungskräfte und Betriebsräte in allen sozialen Angelegenheiten.

Bedeutung der Koordinatoren *(margin note)*

Die im Rahmen des LIFE-Programms empfohlenen und durchgeführten Maßnahmen basieren auf Bestimmungen des Sozialgesetzbuches und wer- den durch die Sozialabteilungen seitens des Unternehmens getragen und unterstützt. Das LIFE-Programm soll aber nicht nur individuell wirken, sondern langfristig auch die Unternehmenskultur beeinflussen. Im Rahmen dieses Veränderungsprozesses kommt den Führungskräften eine zentrale Rolle zu. Die Führungskräfte sind

Rolle der Führungskräfte *(margin note)*

– Vorbild mit gutem, alltagstauglichen Selbstmanagement,
– Garanten für die nachhaltige Änderung der Unternehmenskultur,
– Multiplikatoren für gesundes Verhalten und
– Ansprechpartner für Gesundheitsbelange der Mitarbeiter.

Das Programm LIFE wurde in einem einjährigen Projekt an einem Stand- ort pilotiert und aufgrund der positiven Resonanz und Bewertung daraufhin auf alle Standorte übertragen. Da sich das Programm LIFE in seinen medi- zinischen Fragestellungen sehr bewusst an den Vorgaben und Möglichkeiten des Sozialgesetzbuches orientiert, ergibt sich, dass sich die klassischen Maßnahmen zur „betrieblichen Gesundheitsförderung" und „Primärpräven- tion" integrieren lassen und dadurch eine Refinanzierung durch Sozialver- sicherungsträger möglich ist. Eine langfristige Evaluation des Programms wird wissenschaftlich begleitet.

5.4 Beispiel Unternehmensberatung: A.T. Kearney

Das Work-Life-Balance Konzept von A.T. Kearney legt den Fokus darauf, individuelle und flexible Maßnahmen für Mitarbeiter anzubieten, die die jeweilige Lebenssituation berücksichtigen (Rustemeyer & Buchmann, 2010). Die angebotenen Maßnahmen konzentrieren sich dabei auf fünf Teilbereiche der Work-Life-Balance, von denen sich zwei (Project Delivery und Professional Development) auf den Bereich „Work" konzentrieren und im Kontext von Personaleinsatzplanungs-, Projektmanagement- bzw. Per- sonalentwicklungsverfahren eingeordnet werden können.

Konkret umfassen die Teilbereiche „Project Delivery" und „Professional Development" die Berücksichtigung von Arbeitnehmerinteressen bei der Projektplanung, die Gleichverteilung der Projektaufgaben, die Durchführung von 360-Grad-Feedbacks bzw. Trainings, Mentoring- und Mobility-programme sowie die Möglichkeit, sich berufsbegleitend auch wissenschaftlich weiterzuqualifizieren (MBA-Abschluss oder Promotion). Die Ansatzpunkte zur Optimierung der Work-Life-Balance lassen sich unter Maßnahmen zur Gestaltung der Arbeitszeit sowie Maßnahmen zur Mitarbeiterbindung subsumieren.

In Bezug auf die Arbeitszeitgestaltung bietet A. T. Kearney seinen Mitarbeitern die Möglichkeit an, in Teilzeit zu arbeiten, ein Home Office zu nutzen oder ein Job Sharing-Modell zu wählen, bei dem sich zwei Mitarbeiter eine Vollzeit-Stelle teilen (dieses Angebot bezieht sich vor allem auf den administrativen Bereich des Unternehmens). Aufgrund der Arbeitssituation, in der die Mitarbeiter weitestgehend in Projekten eingesetzt sind und die Beratung direkt beim Kunden durchführen, sind jedoch besondere Voraussetzungen gegeben. So kann eine Teilzeitarbeit, in der die tägliche Arbeitszeit reduziert wird, schon allein aufgrund des täglichen Reiseaufwands kaum realisiert werden (Rustemeyer & Buchmann, 2010). Daher wurden alternative Teilzeitmodelle gewählt, in denen an einer bestimmten Anzahl von Tagen pro Woche (zwei bis vier Tage) Vollzeit gearbeitet wird. Darüber hinaus besteht die Möglichkeit, für eine begrenzte Zeit in den administrativen Bereich des Unternehmens zu wechseln. Neben der Gestaltung der regulären Arbeitszeit bietet A. T. Kearney seinen Mitarbeitern auch an, eine geplante längere Auszeit von der Berufstätigkeit (Leave of Absence Programm, Sabbatical) zu nehmen. Allerdings steht dieses Angebot in der Regel nur Mitarbeitern zur Verfügung, die seit mindestens zwei Jahren beim Unternehmen beschäftigt sind.

Maßnahmen zur Arbeitszeitgestaltung

Eine weitere Maßnahme zur Mitarbeiterbindung stellen die sogenannten „Employee Services" dar, im Rahmen derer A. T. Kearney seinen Mitarbeitern interne und externe Serviceleistungen zur Verfügung stellt, wie bspw. Unterstützung bei der Suche nach Kindergarten- oder Tagesstättenplätzen oder Betreuungsmöglichkeiten für ältere Menschen (Rustemeyer & Buchmann, 2010). Darüber hinaus unterstützt ein Concierge-Service die Berater vor Ort bei der Bewältigung der Pflichten und Erledigungen des häuslichen Alltags, um auf diesem Weg zusätzliche Belastungen zu reduzieren.

Employee Service

5.5 Beispiel Automotive: Ford-Werke GmbH

Ein anschauliches Beispiel der Verankerung von Work-Life-Balance Maßnahmen zur Mitarbeiterbindung, konkret der Erhöhung der Vereinbarkeit von Beruf und Familie, stellt die Initiative „Arbeiten & Pflegen" der Ford-Werke GmbH dar (Pohl, Dittebrand & Neborg, 2007). Interessant an dieser

Initiative zur
Unterstützung
von Mitarbeitern
mit pflege-
bedürftigen
Angehörigen

Initiative ist, dass sie von Mitarbeiterseite angestoßen wurde und somit auf dem tatsächlichen aktuellen Bedarf der Mitarbeiter aufbaut. Die von betroffenen Mitarbeitern im Jahr 2003 gegründete Interessengruppe „Arbeiten & Pflegen" hebt die Anforderungen an Mitarbeiter hervor, die berufstätig sind und gleichzeitig pflegebedürftige Angehörige haben und thematisiert die psychischen und physischen Folgen der Doppelbelastung.

Unterstützt durch den Bereich des Diversity-Managements führt die Interessengruppe inzwischen regelmäßig Informationsveranstaltungen und Workshops (zur Identifikation von Belastungsschwerpunkten und Ressourcen, zu Entspannungstechniken etc.) zur Doppelbelastung von Arbeit und Pflege durch. Darüber hinaus wird ein Notfallplan zur Verfügung gestellt, in dem aufgelistet ist, was in den ersten Tagen und Wochen zu tun ist sowie eine Zusammenstellung mit Internet-Links zu Hilfeeinrichtungen, Selbsthilfegruppen und Verbänden. In Zusammenarbeit mit der Ford BKK wurde diese Sammlung durch Informationen zur Pflegeversicherung, Pflegeeinrichtungen und zu möglichen Hilfen und Zuschüssen komplettiert. Neben umfangreichen Informationen besteht auch die Möglichkeit, ein persönliches Gespräch mit Vertretern der Interessengruppen zu führen, die Erfahrungen mit vergleichbaren Situationen haben. In diesem Rahmen erhalten Betroffene die Chance, offen ihre Sorgen und Befürchtungen zu äußern und Unterstützung auf Peer-Ebene zu erhalten.

5.6   Beispiel Energieversorgung: E.ON Ruhrgas AG

Vor dem Hintergrund demografischer Veränderungen und dem Bestreben, die Employability der Mitarbeiter langfristig sicherzustellen, führte die E.ON Ruhrgas AG 2005 eine Unternehmensanalyse zum Umgang mit
einer älter werdenden Belegschaft durch (Spie & Widdecke, 2007). Dazu wurden in einem ersten Schritt teilnehmende Beobachtungen sowie strukturierte Interviews und im Anschluss zweitägige Workshops mit Mitarbeitern des Unternehmens durchgeführt, um Handlungsfelder zu identifizieren. Im Anschluss an die Analyse der vorhandenen Informationen wurden 13 Handlungsfelder zum Umgang mit alternden Belegschaften lokalisiert, die wiederum in kurzfristige und langfristige Maßnahmen unterteilt wurden. Diese Maßnahmen umfassen u. a. die psychische Gesundheit, die physische Gesundheit und Leistungsfähigkeit, die Lebens- und Karriereplanung, die Einstellung gegenüber anderen Altersgruppen (Diversity) sowie den Themenkomplex des lebenslangen Lernens. Damit besteht eine deutliche Überschneidung zu Work-Life-Balance Maßnahmen im Bereich Mitarbeiterbindung (Gesundheitsmanagement, Vereinbarkeit von Beruf und Familie) sowie der Arbeitszeit. Zur besseren Übersicht werden die von E.ON etablierten bzw. angestoßenen Maßnahmen tabellarisch dargestellt (s. Tab. 18).

Tabelle 18:

Maßnahmen der E.ON Ruhrgas AG zur Steigerung der Employability

Themenkomplex der Work-Life-Balance	Maßnahme
Mitarbeiterbindung	**Vereinbarkeit von Beruf und Familie** – Betriebsvereinbarung „Elternzeit" – Betreuungsangebote für Kinder im Kindergartenalter (in Kooperation mit Kindertagesstätten) – Übernahme von Beratungs- und Vermittlungskosten – Eltern-Kind-Zimmer – Betriebsvereinbarung über die Freistellung zur häuslichen Krankenpflege **Gesundheitsmanagement** – Gesundheitsgespräche zur Stressbewältigung am Arbeitsplatz (quartalsweise) sowie Experten-Vorträge zu gesundheitsrelevanten Themen – Gesundheitstag mit Informationsständen (jährlich) – Health Breakfast mit Informationen über medizinische Fragestellungen (jährlich) – Gesundheits-Check-up für Versicherte der E.ON BKK ab dem 40. Lebensjahr – Präventionsprogramme der E.ON BKK – Gesundheitsportal – E.ON Sportgemeinschaft – Ernährungsberatung – Kurse in Entspannungsverfahren (z. B. Autogenes Training)
Arbeitszeitflexibilisierung	– Telearbeit – Vertrauensarbeitszeit – Jahres- und Lebensarbeitszeit – Teilzeitmodelle – Sabbatical

5.7 Beispiel Chemie: Henkel KGaA

Auf veränderte Bedürfnisse seitens der Mitarbeiter reagierte das Unternehmen Henkel, indem es den Bereich „Soziale Dienste" von einer Einrichtung der Betriebsfürsorge in eine interne Serviceorganisation weiterentwickelt hat (Neumann, 2007). So wurde versucht, durch individuelle, aber auch organisatorische Maßnahmen und präventive Interventionen die Vereinbarkeit von Beruf und Familie zu erhöhen. Diese umfassen sowohl flexible Arbeitszeitmodelle (bspw. die Ausweitung der Teilzeit- und Telearbeit, die Einführung der Gleitzeit bzw. Funktionszeit sowie die Möglichkeit, Sabbaticals in Anspruch zu nehmen) als auch konkrete Maßnahmen zur Mitarbeiterbindung für unterschiedliche Zielgruppen. Mitarbeiter, die gerade eine Familie gegründet haben, können Hilfen beim Wiedereinstieg

nach der Elternzeit in Anspruch nehmen sowie auf Betreuungs- oder Ver-
mittlungsangebote für unter 3-jährige Kinder zurückgreifen (es besteht eine
Kooperation des Unternehmens mit Kindertagesstätten). Zudem bietet
Henkel auch während der Elternzeit die Möglichkeit, sich beruflich weiter-
zubilden.

Sollte die Ursache von Work-Life-Balance Konflikten nicht in der Betreuung von Kindern, sondern in der Betreuung von pflegebedürftigen Angehörigen liegen, kann auf ein bestehendes Netzwerk von Hilfeeinrichtungen
zurückgegriffen werden. Darüber hinaus besteht die Möglichkeit, sich im
Rahmen von Informationsveranstaltungen näher über dieses Thema zu in-
formieren. Auch hinsichtlich anderer, spezifischer Fragestellungen (z. B.
Spannungen am Arbeitsplatz, finanzielle Sorgen, psychische Probleme oder
Probleme mit Suchtmitteln) besteht die Möglichkeit, ein Beratungsangebot
der Sozialen Dienste wahrzunehmen.

Besonders hervorzuheben ist, dass die Maßnahmen zur Mitarbeiterbindung
auch die Gruppe der ehemaligen Mitarbeiter unter dem Stichwort „Elder-
care" mit einschließen. Das Serviceangebot für Pensionäre umfasst u. a. ein
Seniorenwohnprojekt mit altersgerechten Wohneinheiten sowie Aktivitäten
der Gemeinschaft der Henkel-Pensionäre e. V., die sowohl Hobbygruppen
als auch die individuelle Beratung durch Sozialarbeiter oder ehrenamtliche
Pensionäre ermöglichen (Neumann, 2007).

5.8 Beispiel Unternehmensberatung/Wirtschafts-
prüfung: PricewaterhouseCoopers

Im Rahmen seiner Work-Life Choice Strategie versucht die Unternehmensberatung PricewaterhouseCoopers, ihren Mitarbeiterinnen und Mitarbeitern durch eine Flexibilisierung der Arbeitszeit die Möglichkeit zu geben,
persönliche und berufliche Bedürfnisse und Interessen miteinander in
Einklang zu bringen. Dies geschieht u. a. dadurch, dass keine festen, allge-
meingültigen Arbeitszeiten existieren, sondern dass lediglich ein fester
Arbeitszeitrahmen (montags bis donnerstags 6–21 Uhr, freitags 6–14.30
Uhr, vgl. Riester & Dern, 2010) vorgegeben wird, innerhalb dessen sich
die Mitarbeiter bewegen können. Um die Erreichbarkeit zu gewährleisten,
ist es jedoch notwendig, sich mit dem jeweiligen Vorgesetzten über Kern-
zeiten und anfallende Arbeitsvolumina abzustimmen. Darüber hinaus wird
die tatsächlich angefallene Arbeitszeit im Rahmen eines Jahresarbeitszeit-
kontos festgehalten, dessen Ausschöpfungsrahmen (max. 250 Plus- bzw.
120 Minusstunden) definiert ist und das monatlich abgerechnet werden
kann. Verantwortlich für die Möglichkeit zum Zeitausgleich sind sowohl
der Mitarbeiter als auch die entsprechende Führungskraft. Um neben der

Flexibilisierung der Arbeitszeit auch einen größeren Spielraum hinsichtlich des Arbeitsortes zu ermöglichen, wurde die Maßnahme FlexWork@PwC eingeführt, im Rahmen derer die Mitarbeiter mit den technischen Voraussetzungen ausgestattet werden, um ihrer Tätigkeit auch außerhalb des eigentlichen Arbeitsortes nachgehen zu können. Obwohl sich die Initiativen des Unternehmens im Wesentlichen auf eine Flexibilisierung der Arbeit beziehen, existieren auch Ansätze in Richtung einer Erhöhung der Mitarbeiterbindung durch gezielte Maßnahmen des Gesundheitsmanagements (sogenannte Corporate Activities) wie Betriebssport oder Präventionsmaßnahmen (z. B. Raucherentwöhnungskurse, Rückendiagnosetage, vgl. Rieser & Dern, 2010).

5.9 Beispiel Finanzdienstleistungen: Commerzbank AG

Um die Voraussetzungen für die Vereinbarkeit von Beruf und Familie zu verbessern und es den Mitarbeitern zu ermöglichen, beide Lebensbereiche ausleben zu können, hat die Commerzbank bereits Ende der 1990er Jahre ein Modellprojekt zur Kinderbetreuung initiiert. Innerhalb dieses Projektes können Mitarbeiter der Commerzbank AG die Kindertagesstätte Kids & Co. an bis zu 25 Tagen des Jahres kostenfrei nutzen. Auf diesem Weg wird die Betreuung der Mitarbeiterkinder auch dann sichergestellt, wenn die regelmäßige Betreuungsperson kurzfristig ausfällt. Die Öffnungszeiten (werktags von 7–19 Uhr, auch an Ferientagen) stellen ein Unterstützungsangebot dar, das dazu beiträgt, Konflikte in der Vereinbarkeit der Lebensbereiche zu reduzieren. Eine Evaluation des Modellprojektes (Commerzbank, 2009) zeigt neben einer hohen Zufriedenheit der Mitarbeiter, die das Angebot in Anspruch nehmen auch einen deutlichen betriebswirtschaftlichen Effekt. So sank die Dauer der Elternzeit von durchschnittlich 30,6 Monaten (2004) auf 19,3 Monate (2007). Auch die durchschnittliche Zeitspanne bis zur Aufnahme einer Teilzeitbeschäftigung reduzierte sich im Zeitraum von 2004 bis 2007 von 12,6 auf 10,5 Monate.

Kooperation mit Kindertagesstätte

Evaluation des Modellprojektes

6 Literaturempfehlungen

Kaiser, S. & Ringlstetter, M. J. (2010). *Work-Life Balance. Erfolgversprechende Konzepte und Instrumente für Extremjobber.* Berlin: Springer.

Kastner, M. (2004). *Die Zukunft der Work-Life-Balance.* Kröning: Asanger.

Michalk, S. &. Nieder P. (2007). *Erfolgsfaktor Work-Life-Balance.* Weinheim: Wiley.

7 Literatur

Abele, A. E. (2005). Ziele, Selbstkonzept und Work-Life-Balance bei der längerfristigen Lebensgestaltung: Befunde der Erlanger Längsschnittstudie BELA-E mit Akademikerinnen und Akademikern. *Zeitschrift für Arbeits- und Organisationspsychologie, 49* (4), 176–186.

Alderfer, C. P. (1972). *Existence, relatedness, and growth: Human needs in organizational settings.* New York: The free press.

Aristoteles (1983). *Nikomachische Ethik.* Stuttgart: Reklam.

Armutat, S. & Rühl, M. (2009). Instrumente im Kontext des Lebensereignisses „Eintritt". In S. Armutat (Hrsg.), *Lebensereignisorientiertes Personalmanagement. Eine Antwort auf die demografische Herausforderung* (S. 107–110). Bielefeld: Bertelsmann.

Aryee, S., Fields, D. & Luk, Y. (1999). A Cross Cultural Test of a Model of Work-Family Interface. *Journal of Management, 25* (4), 491–511.

Ashforth, B. E., Kreiner, G. E. & Fugate, M. (2000). All in a day's work: Boundaries and micro role transitions. *Academy of Management Review, 25* (3), 472–491.

Aust, B. &. Ducki, A. (2004). Comprehensive Health Promotion Interventions at the Workplace: Experiences with Health Circles in Germany. *Journal of Occupational Health Psychology, 9* (3), 258–270.

Ayan, T. (2006). *Risiken und Chancen moderner Dienstleistungen in neuen Arbeits- und Organisationsformen.* Dissertation, Universität Dortmund. Online verfügbar unter: http://deposit.d-nb.de/cgi-bin/dokserv?idn=997571160&dok_var=d1&dok_ext=pdf&filename=997571160.pdf (Zugriff am 14. 08. 2010).

Badura, B. (2008). Kann Kapital sozial sein? *Personalmagazin, 11,* 46–48.

Bakker, A. B. & Demerouti, E. (2007). The Job Demands-Resources model: State of the art. *Journal of Managerial Psychology, 22,* 309–328.

Becker, E. (2008). *Einflussfaktoren auf die Work-Life Balance – Optimierung des Einsatzes eines Coaching-Instrumentes.* Unveröffentlichte Bachelorarbeit, Ruhr-Universität Bochum.

Becker, M. (2009). *Vorstandsgehälter – Was Spitzenmanager wert sind.* Online verfügbar unter: http://www.focus.de/finanzen/boerse/aktien/vorstandsgehaelter/vorstandsgehaelter-was-spitzenmanager-wert-sind_aid_10819.html [Zugriff am 05. 01. 2011].

Becker, S. J. (2007). *Zerreißprobe Pflegefall.* Online verfügbar unter: http://www.beruf-und-familie.de/system/cms/data/dl_data/2681e44e77ea67b21b3de3e7a8fb6140/FAZ_Zerreissprobe_Pflegefall.pdf [Zugriff am 6. 9. 2010].

Bengel, J., Strittmacher, R. & Willmann, H. (2001). *Was erhält Menschen gesund? Antonowskys Modell der Salutogenese – Diskussionsstand und Stellenwert (Forschung und Praxis der Gesundheitsförderung, Bd. 6).* Köln: BZgA.

Berkman, L. F. & Syme, S. L. (1979). Social networks, host resistance, and mortality: a nine year follow-up study of Alameda County residents. *American Journal of Epidemiology, 109* (2), 186–204.

Bierhoff, H.-W. & Rohmann, E. (2005). *Was die Liebe stark macht. Die neue Psychologie der Paarbeziehung.* Hamburg: rororo.

Böhne, A. (2009). Lebensereignisse im Überblick. In S. Armutat (Hrsg.), *Lebensereignisorientiertes Personalmanagement. Eine Antwort auf die demografische Herausforderung* (S. 40). Bielefeld: Bertelsmann.

BMFSFJ (2003). *Betriebswirtschaftliche Effekte familienfreundlicher Maßnahmen – Kosten-Nutzen-Analyse.* Online verfügbar unter: http://www.bmfsfj.de/RedaktionBMFSFJ/Internetredaktion/Pdf-Anlagen/PRM-24825-Langfassung,property=pdf.pdf [Zugriff am 11. 08. 2010]

BMFSFJ (2005). *Work-Life-Balance – Motor für wirtschaftliches Wachstum und gesells-chaftliche Stabilität*. Online verfügbar unter: http://www.bmfsfj.de/RedaktionBMFSFJ/Broschuerenstelle/Pdf-Anlagen/Work-Life-Balance,property=pdf,bereich=bmfsfj,sprache=de,rwb=true.pdf [Zugriff am 3.9.2010].

BMFSFJ (2010). *Unternehmensmonitor Familienfreundlichkeit 2010*. Online verfügbar unter: http://www.bmfsfj.de/RedaktionBMFSFJ/Broschuerenstelle/Pdf-Anlagen/unternehmensmonitor-2010,property=pdf,bereich=bmfsfj,sprache=de,rwb=true.pdf [Zugriff am 17.05.2011].

Bulger, C.A., Matthews, R.A. & Hoffman, M.E. (2007). Work and personal life boundary management: Boundary strength, work/personal life balance, and the segmentation integration continuum. *Journal of Occupational Health Psychology, 12* (4), 365–375.

Butler, A.B., Grzywacz, J.G., Bass, B.L. & Linney, K.D. (2005). Extending the demands control model: A daily diary study of job characteristics, work-family conflict and work-family facilitation. *Journal of Occupational and Organizational Psychology, 78* (2), 155–169.

Carlson, D.S., Kacmar, M.K., Wayne, J.H. & Grzywacz, J.G. (2006). Measuring the positive side of the work-family interface: Development and validation of a work-family enrichment scale. *Journal of Vocational Behavior, 68* (1), 131–164.

Carlson, D.S., Kacmar, M.K. & Williams, L.J. (2000). Construction and validation of a multidimensional measure of work-family conflict. *Journal of Vocational Behavior, 56* (2), 249–276.

Cascio, W.F. & Boudreau, J.W. (2008). *Investing in people: financial impact of human resource initiatives*. Upper Saddle River: Pearson Education.

Chapman, L.S. (2005). Meta-Evaluation of Worksite Health Promotion Economic Return Studies: 2005 Update. *The Art of Health Promotion, July/August 2005,* 1–11.

Clark, S.C. (2000). Work/family border theory: A new theory of work/family balance. *Human Relations, 53* (6), 747–770.

Clarkberg, M. &. Merola, S.S. (2003). Competing clocks: Work and Leisure. In P. Moen (Hrsg.), *It's about time – Couples and careers* (S. 35–48). Ithaca: ILR Press.

Collatz, A. & Gudat, K. (2011). *Bochumer Inventar zu beruflich relevanten Lebenskonzepten – Kurzinformation*. Bochum: Projektteam Testentwicklung.

Commerzbank AG (2009). *Evaluationsstudie Modellprojekt Kids & Co. – Kindertagesstätte*. Online verfügbar unter: http://www.prognos.com/fileadmin/pdf/publikationsdatenbank/Prognos_CoBa_Kids_Eval_Kurzversion.pdf [Zugriff am 20.10.2010].

Conrads, S. (2010). *Betriebliche und individuelle Maßnahmen zur Verbesserung der Work-Life-Balance*. Unveröffentlichte Bachelorarbeit, Ruhr-Universität Bochum.

Cramer, A.-M. (o.J.). *Alternde Gesellschaft gefährdet Mittelstand*. Online verfügbar unter: http://www.mittelstand-und-familie.de/Alternde-Gesellschaft-gef-hrdet-Mittelstand-/ [Zugriff am 6.9.2010].

Csikszentmihalyi, M. (2007). *Flow – Das Geheimnis des Glücks*. Stuttgart: Klett-Cotta.

de Graat, E. (2007). Kennzahlen und Kosten-Nutzen-Relationen zur Bewertung familienfreundlicher Maßnahmen in Unternehmen. In A.S. Esslinger & D.B. Schobert (Hrsg.). *Erfolgreiche Umsetzung von Work-Life Balance in Organisationen. Strategien, Konzepte, Maßnahmen* (S. 231–242). Wiesbaden: DUV.

Deutscher Gewerkschaftsbund (2011). *Überblick Recht – Vereinbarkeit von Familie und Beruf*. Online verfügbar unter: http://familie.dgb.de/praxis/recht/++co++1758ba68-4fc8-11e0-7331-00188b4dc422 [Zugriff am 18.05.2011].

die wirtschaft (05.06.2007). *Ausgebrannte Manager: Burnout und Boreout nehmen zu*. Online verfügbar unter: http://www.die-wirtschaft.at/ireds-39872.html [Zugriff am 05.01.2011].

Dilger, A. &. König, H. (2007). Betriebswirtschaftliche Effekte familienbewusster Personalpolitik – Eine empirische Analyse familienfreundlicher Betriebe. *Betriebswirtschaftliche Forschung und Praxis, 59* (1), 77–89.

Döge, P. & Behnke, C. (2006). *Betriebs- und Personalräte als Akteure familienbewusster Personalpolitik: Handlungsmuster von Personalvertretungen in Unternehmen und Organisationen mit dem audit berufundfamilie®.* Online verfügbar unter: http://www.beruf-und-familie.de/system/cms/data/dl_data/670ec4e5f6c1b507dcf1f0658c18bb2c/iaiz_brpr.pdf [Zugriff am 17.05.2011].

Dörner, F. & Pfeiffer, E. (1992). Strategisches Denken, strategische Fehler, Stress und Intelligenz. *Sprache & Kognition, 11,* 75–90.

Drexler, D. (2010). *Gelassen im Stress. Bausteine für ein achtsameres Leben.* Stuttgart: Klett-Cotta.

Eby, L. T., Casper, W. J., Lockwood A., Bordeaux, C. &. Brinley, A. (2005). Work and family research in IO/OB: Content analysis and review of the literature (1980–2002). *Journal of Vocational Behavior, 66,* 124–197.

Ekman, P. (1984). Expression in the nature of emotion. In K. R. Scherer & P. Ekman (Hrsg.), *Approaches to Emotion* (S. 319–344). Hillsdale: Erlbaum.

Esslinger, A. S. & Schobert, D. B. (2007). *Erfolgreiche Umsetzung von Work-Life Balance in Organisationen. Strategien, Konzepte, Maßnahmen.* Wiesbaden: DUV.

Evers, A., Frese, M. & Cooper, C. L. (2000). Revisions and further developments of the Occupational Stress Indicator: LISREL results from four Dutch studies. *Journal of Occupational and Organizational Psychology, 73* (2), 221–240.

Fauth-Herkner, A. (2003). Flexible Arbeitsmodelle zur Verbesserung der Work-Life Balance. In B. Badura, H. Schellschmidt & C. Vetter (Hrsg.), *Fehlzeiten-Report 2003 – Wettbewerbsfaktor Work-Life-Balance* (S. 89–106). Heidelberg: Springer.

Fishbein, M. & Ajzen, I. (1975). *Belief, attitude, intention and behavior: An introduction to theory and research.* Reading, M.A.: Addison-Wesley.

Flüter-Hoffmann, C. (2010). Der Weg aus der Demografie-Falle. Lebenszyklusorientierte Personalpolitik als innovatives Gesamtkonzept – gerade für High Potentials. In S. Kaiser & M. J. Ringlstetter (Hrsg.), *Work-Life Balance. Erfolgversprechende Konzepte und Instrumente für Extremjobber* (S. 199–212). Berlin: Springer.

Flüter-Hoffmann, C. &. Solbrig J. (2003). *Wie familienfreundlich ist die deutsche Wirtschaft?* (iw-trends, 4/2003). Online verfügbar unter: http://www.bmfsfj.de/RedaktionBMFSFJ/Abteilung2/Pdf-Anlagen/monitor-familienfreundlichkeit,property=pdf.pdf [Zugriff am 6.9.2010].

Forst, M. & Hoehner, M.A.W. (2003). *Strategien einer familienbewussten Unternehmenspolitik.* Online verfügbar unter http://www.familienhandbuch.de/cms/Familienpolitik_Hertie.pdf. [Zugriff am 17.10.2010]

Fritz, S. (2008). Wie lassen sich Effekte betrieblicher Gesundheitsförderung in Euro abschätzen? – Ergebnisse von Längsschnittuntersuchungen in drei Unternehmen. In B. Badura, H. Schröder & C. Vetter (Hrsg.), *Fehlzeiten-Report 2008. Betriebliches Gesundheitsmanagement: Kosten und Nutzen. Zahlen, Daten, Analysen aus allen Branchen der Wirtschaft,* (S. 112–120). Heidelberg: Springer.

Frone, M. R., Russell, M. & Cooper, M. L. (1995). Job stressors, job involvement and employee health: A test of identity theory. *Journal of Occupational and Organizational Psychology, 68,* 1–11.

Galinsky, E., Friedman, D. E. &. Hernandez, C. A. (1991). *The Corporate Reference Guide to Work-Family Programs.* New York: Families and Work Institute.

Gallup GmbH (2005). *Engagement-Index 2005. Studie zur emotionalen Bindung von Arbeit-nehmerInnen in Deutschland.* Online verfügbar unter: http://www.stimmhaus.de/attach-ment/37/download?name=Studie+zur+Emotionalen+Bindung+von+ArbeitnehmerInnen +in+Deutschland [Zugriff am 5.9.2010].

Gallup GmbH (2009). *Engagement fördert Wachstum.* Online verfügbar unter: http://eu. gallup.com/Berlin/118606/Engagement-f%C3%B6rdert-Wachstum.aspx. [Zugriff am 10.08.2010]

Gerster, F., Dietz, M., Pfeiffer, U. & Schneider, H. (2008). *Arbeitswelt 2030 – Thesenpapier des Managerkreises der Friedrich-Ebert-Stiftung.* Bonn: Friedrich-Ebert-Stiftung.

Gmür, M. &. Schwerdt, B. (2005). Der Beitrag des Personalmanagements zum Unterneh-menserfolg: Eine Metaanalyse nach 20 Jahren Erfolgsfaktorenforschung. *Zeitschrift für Personalforschung, 19* (3), 221–251.

Goleman, D. (1999). *EQ² – Der Erfolgsquotient.* München: Hanser.

Government of Western Australia (2009). *Making work life balance work: A guide to imple-menting flexible work practices in lager organisations.* Online verfügbar unter: http://www. commerce.wa.gov.au/LabourRelations/PDF/Work%20Life%20Balance/Makingwork-life%20balancework.pdf [Zugriff am 29.9.2010].

Gräb, W. (2002). *Sinn fürs Unendliche: Religion in der Mediengesellschaft.* Gütersloh: Kaiser.

Grandey, A.A. &. Cropanzano, R. (1999). The Conservation of Resources model applied to work-family conflict and strain. *Journal of Vocational Behavior, 54,* 350–370.

Greenhaus, J.H. & Beutell, N.J. (1985). Sources of conflict between work and family roles. *Academy of Management Review, 10* (1), 76–88.

Greenhaus, J.H. & Powell, G. (2006). When work and family are allies: A theory of work-family enrichment. *Academy of Management Review, 31,* 72–92.

Greve, G. (2010). *Organizational burnout.* Berlin: Springer.

Groothuis, U. (2003). *Sabbatical Auszeit optimal nutzen.* Online verfügbar unter:http://www. wiwo.de/unternehmen-maerkte/sabbatical-auszeit-optimal-nutzen-316549 [Zugriff am 09.08.2010]

Grzywacz, J.G., Amleida, D.M. &. McDonald, D.A. (2002). Work-family spillover and daily reports of work and family stress in the adult labor force. *Family Relations, 51,* 28–36.

Grzywacz, J.G. & Marks, N.F. (2000). Reconceptualizing the work-family interface: An ecological perspective on the correlates of positive and negative spillover between work and family. *Journal of Occupational Health Psychology, 5,* 111–126.

Hackman, J.R. & Oldham, G.R. (1975). Development of the Job Diagnostic Survey. *Journal of Applied Psychology, 60* (2), 159–170.

Hambrick, D.C. & Mason, P.A. (1984). Upper Echelons: The organisation as a reflection of its top managers. *Academy of Management Review, 9* (2), 193–206.

Hans-Böckler-Stiftung (2010). Frauen sorgen fürs Geld – und die Familie. *Böcklerimpuls 11/2010,* 6–7. Online verfügbar unter: http://www.boeckler.de/pdf/impuls_2010_11_6–7. pdf [Zugriff am 3.9.2010].

Haufe Akademie (2009). *Führungskräftestudie 2009. Work-Life-Balance und Führungsver-halten.* Online verfügbar unter: http://www.haufe-akademie.de/downloadserver/Presse/ Studie%20WLB.pdf [Zugriff am 05.01.2011].

Hettler, B. (1980). Wellness promotion on a University Campus. *Journal of Health Promo-tion and Maintainance, 3,* 77–95.

Hoff, E.-H., Grote, S., Dettmer, S., Hohner, H.-U. & Olos, L. (2005). Work-Life-Balance: Berufliche und private Lebensgestaltung von Frauen und Männern in hoch qualifizierten Berufen. *Zeitschrift für Arbeits- und Organisationspsychologie, 49* (4), 196–207.

Holland, J.L. (1973). *Making vocational choice: a theory of careers.* Englewood Cliffs: Prentice-Hall.

Hossiep, R. (2007). Messung von Persönlichkeitsmerkmalen. In H. Schuler & K. Sonntag (Hrsg.), *Handbuch der Arbeits- und Organisationspsychologie* (S. 450–458). Göttingen: Hogrefe.

Hossiep, R. & Frieg, P. (2008). Der Einsatz von Mitarbeiterbefragungen in Deutschland, Österreich und der Schweiz. *planung & analyse, 6/2008,* 55–59.

Hossiep, R., Schulte, M. & Frieg, P. (2010). Was ist Wissen – und wie lässt es sich messen? In S. Trepte & M. Verbeet (Hrsg.), *Allgemeinbildung in Deutschland. Erkenntnisse aus dem Studentenpisa-Test* (S. 39–54). Wiesbaden: VS.

ifb (2001). *Work-Life-Balance – neue Aufgaben für eine zukunftsorientierte Personalpolitik.* Online verfügbar unter: http://www.ifb.bayern.de/imperia/md/content/stmas/ifb/materialien/mat_2001_9.pdf [Zugriff am 3.9.2010].

Jacobs, P.A., Tytherleigh, M.Y., Webb, C. & Cooper, C.L. (2007). Predictors of work performance among higher education employees: An examination using the ASSET model of stress. *International Journal of Stress Management, 14,* 199–210.

Jacobshagen, N., Amstad, F.T., Semmer, N.K. &. Kuster, M. (2005). Work-Family-Balance im Topmanagement. *Zeitschrift für Arbeits- und Organisationspsychologie, 49* (4), 208–219.

Janke, D. (2003). Betrieblich geförderte Kinderbetreuung. In B. Badura, H. Schellschmidt & C. Vetter (Hrsg.), *Fehlzeiten-Report 2003 – Wettbewerbsfaktor Work-Life-Balance (S.* 121–130). Heidelberg: Springer.

Jöns, I. (1997). Formen und Funktionen von Mitarbeiterbefragungen. In W. Bungard & I. Jöns (Hrsg.), *Mitarbeiterbefragungen – Ein Instrument des Innovations- und Qualitätsmanagements* (S. 15–31). Weinheim: Beltz.

Jöns, I. &. Müller, K. (2007). Vorbereitung, Planung und Organisation von Mitarbeiterbefragungen. In W. Bungard, K. Müller & C. Niethammer (Hrsg.), *Mitarbeiterbefragung – was dann …?* (S. 13–26). Berlin: Springer.

Jumpertz, S. (2010). Fürsorgliche Führungskräfte sind gefragt. *managerSeminare, 148,* 10.

Juncke, D. (2005). *Betriebswirtschaftliche Effekte familienbewusster Personalpolitik: Forschungsstand* (Arbeitspapier Nr. 1/2005). Münster: Forschungszentrum Familienbewusste Personalpolitik.

Kaluza, G. (2003). Stress. In M. Jerusalem & H. Weber (Hrsg.), *Psychologische Gesundheitsförderung. Diagnostik und Prävention* (S. 339–361). Göttingen: Hogrefe.

Kalveram, A.B. (2008). *Work-Life Balance in einer sich wandelnden Welt: Entwicklung und Validierung des Work-Life-Balance Index (WoLiBaX) zur Erfassung der Interaktionsprozesse zwischen Arbeit, Familie und Freizeit.* Dissertation, Friedrich-Schiller-Universität Jena.

Kanfer, F.H. (1987). Selbstregulation und Verhalten. In H. Heckhausen, P.M. Gollwitzer & F.E. Weinert (Hrsg.), *Jenseits des Rubikon: Der Wille in den Humanwissenschaften* (S. 286–299). Berlin: Springer.

Kastner, M. (2004). *Die Zukunft der Work-Life-Balance.* Kröning: Asanger.

Katz, D. & Kahn, R.L. (1978). *The social psychology of organizations* (2nd ed.). New York: Wiley.

Kienbaum Management Consultants GmbH (2007). *Work-Life Balance im Kontext des Demographischen Wandels.* Online verfügbar unter: http://www.lasa-brandenburg.de/fileadmin/user_upload/IP-dateien/kampagnen/IP20/Kienbaum_Studienergebnisse_Work_Life_Balance_im_Demographischen_Wandel.pdf [Zugriff am 18.05.2011].

Klein, S., König, C. J. & Kleinmann, M. (2003). Sind Selbstmanagement-Trainings effektiv? Zwei Trainingsansätze im Vergleich. *Zeitschrift für* Personalpsychologie, 2 (4), 157–168.

Knoll, N. & Schwarzer, R. (2005). Soziale Unterstützung. In R. Schwarzer (Hrsg.). *Gesundheitspsychologie* (S. 333–349). Göttingen: Hogrefe.

Köppel, P., Junchen, Y. & Lüdicke, J. (2007). *Cultural Diversity Management in Deutschland hinkt hinterher.* Online verfügbar unter: http://www.bertelsmann-stiftung.de/bst/de/media/xcms_bst_dms_21374__2.pdf [Zugriff am 18.05.2011].

Kossek, E. E., Lautsch, B. A. & Eaton, S. C. (2006). Telecommuting, control, and boundary management: Correlates of policy use and practice, job control, and work-family effectiveness. *Journal of Vocational Behavior, 68* (2), 347–367.

Kramer, I., Sockoll, I. &. Bödecker, W. (2008). Die Evidenzbasis für betriebliche Gesundheitsförderung und Prävention – Eine Synopse des wissenschaftlichen Kenntnisstandes. In B. Badura, H. Schröder & C. Vetter (Hrsg.), *Fehlzeiten-Report 2008. Betriebliches Gesundheitsmanagement: Kosten und Nutzen. Zahlen, Daten, Analysen aus allen Branchen der Wirtschaft* (S. 65–76. Heidelberg: Springer.

Kratzer, N., Nies, S., Pangert, B. & Vogl, G. (2011*). Leistungspolitik und Work-Life-Balance. Eine Trendanalyse des Projekts Lanceo – Balanceorientierte Leistungspolitik.* München: Institut für Sozialwissenschaftliche Forschung.

Kreiner, G. E. (2006). Consequences of Work-Home Segmentation or Integration: A Person-Environment Fit Perspective. *Journal of Organizational Behavior, 27* (4), 485–507.

Kühlmann, T. (2004). *Auslandseinsatz von Mitarbeitern.* Göttingen: Hogrefe.

Küpper, B. (2000). *Sind Singles anders als die anderen? Ein Vergleich von Singles und Paaren.* Dissertation, Ruhr-Universität Bochum.

Lazarus, R. S. (1966). *Psychological Stress and the Coping Process.* New York: McGraw-Hill.

Lazarus, R. S. & Launier, R. (1981). Stressbezogene Transaktionen zwischen Personen und Umwelt. In J. R. Nitsch (Hrsg.). *Stress. Theorien, Untersuchungen, Maßnahmen* (S. 213–259). Bern: Huber.

Lerner, D., Amick III, B. C., Lee, J. C., Rooney, T., Rogers, W. H., Chang, H. &. Berndt, E. R. (2003). Relation of employee-reported work limitations to work productivity. *Medical Care, 41* (5), 649–659.

Litzcke, S. M. & Schuh, H. (2007). *Stress, Mobbing und Burn out am Arbeitsplatz* (4. Aufl.). Heidelberg: Springer.

Macco, K. & Stallauke, M. (2010). Krankheitsbedingte Fehlzeiten in der deutschen Wirtschaft im Jahr 2009. In B. Badura, H. Schröder, J. Klose & M. Macco (Hrsg.), *Fehlzeiten-Report 2010 – Schwerpunktthema: Vielfalt managen: Gesundheit fördern – Potenziale nutzen* (S. 271–282). Berlin: Springer.

Major, D. A. & Germano, L. M. (2006). The changing nature of work and its impact on the work-home interface. In F. Jones, R. J. Burke & M. Westman (Hrsg.), *Work-life balance. A psychological perspective* (S. 13–38). Hove: Psychology Press.

Maslach, C., Jackson, S. E. & Leiter, M. P. (1996). The *Maslach Burnout Inventory.* Palo Alto: Consulting Psychologists Press.

Maslow, A. (1954). *Motivation and Personality.* New York: Harper & Row.

McMillan, L. H. W., Brady, E. C., O'Driscoll, M. P. & Marsh, N. V. (2002). A multifaceted validation study of Spence and Robbins' (1992) Workaholism Battery. *Journal of Occupational and Organizational Psychology, 75* (3), 357–368.

Meissner, F. (2009). *Vereinbarkeit von Familie und Beruf für Personalräte.* Online verfügbar unter: http://www.beruf-und-familie.de/system/cms/data/dl_data/0dd73daeee145a7627 2cb0a8e0bad04b/DGB_Vereinbarkeit_fuer_Personalraete.pdf [Zugriff am 17.10.2010].

Michalk, S. &. Nieder, P. (2007). *Erfolgsfaktor Work-Life-Balance*. Weinheim: Wiley.

Montada, L. (1998). Fragen, Konzepte, Perspektiven. In R. Oerter & L. Montada (Hrsg.), *Entwicklungspsychologie* (4. korrigierte Aufl.). Weinheim: Beltz.

Müller, H.C. (2010). Ausgebrannt und ausgemustert. Online verfügbar unter: http://www. handelsblatt.com/politik/oekonomie/nachrichten/ausgebrannt-und-ausgemustert/ 3446086.html [Zugriff am 18.05.2011].

Müller, K., Bungard, W. & Jöns, I. (2007). Mitarbeiterbefragung – Begriff, Funktion, Form. In W. Bungard, K. Müller &. C. Niethammer (Hrsg.), *Mitarbeiterbefragung – was dann ...?* (S. 6–13). Berlin: Springer.

Mutwill, A. (2010). *Das Zusammenwirken von Persönlichkeit, Work-Life-Balance und Lebenszufriedenheit*. Unveröffentlichte Bachelorarbeit, Ruhr-Universität Bochum.

Nerdinger, F.W. (2008). *Grundlagen des Verhaltens in Organisationen* (2. Auflage). Stuttgart: Kohlhammer.

Netemeyer, R.G., Boles, J.S. & McMurrian, R. (1996). Development and validation of work-family conflict and family-work conflict scales. *Journal of Applied Psychology, 81* (4), 400–410.

Neumann, R. (2007). Das Serviceangebot der Sozialen Dienste der Firma Henkel KGaA. In A.S. Esslinger & D.B. Schobert (Hrsg.), *Erfolgreiche Umsetzung von Work-Life Balance in Organisationen. Strategien, Konzepte, Maßnahmen* (S. 311–319). Wiesbaden: DUV.

Nord, W.R., Fox, S., Phoenix, A. & Viano, K. (2002). Real-world reactions to work-life balance programs: Lessons for effective implementation. *Organizational Dynamics, 30,* 223–238.

OECD (2001). *Employment Outlook 2001*. Online verfügbar unter: http://www.oecd.org/ document/35/0,3746,en_2649_33927_31693539_1_1_1_37457,00.html [Zugriff am 18.05.2011].

Opaschowski, H.W. (1983). *Arbeit, Freizeit, Lebenssinn? Orientierungen für eine Zukunft, die längst begonnen hat.* Leverkusen: Leske & Budrich.

Oppolzer, A. (2009). Psychische Belastungsrisiken aus Sicht der Arbeitswissenschaft und Ansätze für die Prävention. In B. Badura, H. Schröder, J. Klose & K. Macco (Hrsg.). *Fehlzeitenreport 2009 – Arbeit und Psyche: Belastungen reduzieren – Wohlbefinden fördern* (S. 13–22). Heidelberg: Springer.

Pelkmann, T. & Bradley, T. (2010). *Folgen von Smartphones: Lieber Blackberry und iPhone als Ehefrau*. Online verfügbar unter: http://www.cio.de/2231265 [Zugriff am 3.9.2010].

Perlow, L.A. &. Porter, J.L. (2010). Weniger Arbeiten – Mehr Leisten. *Harvard Business Manager, 1,* 24–35.

Peseschkian, H. (2002). *Beruflich ein Profi – Privat ein Amateur? Manager Bilanz, 3,* 30–32.

Petzold, H.G. (2002). Zentrale Modelle und Kernkonzepte der „Integrativen Therapie". *POLYOGE: Materialien aus der Europäischen Akademie für psychosoziale Gesundheit, 2,* 1–84. Online verfügbar unter: http://www.fpi-publikation.de/polyloge [Zugriff am 18.05.2011].

Petzold, H.G. & Orth, I. (1994). Kreative Persönlichkeitsdiagnostik durch mediengestützte Techniken der Integrativen Therapie und Beratung. *Zeitschrift für vergleichende Psychotherapie und Methodenintegration, 4,* 340–391.

Pohl, E., Dittebrand, C. & Neborg, K. (2007). Eine Chance für Arbeitgeber und Arbeitnehmer: Die Mitarbeiter-Interessengruppe Arbeiten & Pflegen der Ford-Werke GmbH in Köln. In A.S. Esslinger & D.B. Schobert (Hrsg.), *Erfolgreiche Umsetzung von Work-Life Balance in Organisationen. Strategien, Konzepte, Maßnahmen* (S. 321–333). Wiesbaden: DUV.

Prager, J.U. &. Schleiter, A. (2006). *Älter werden – aktiv bleiben?! Eine repräsentative Befragung unter Erwerbstätigen in Deutschland.* Online verfügbar unter: http://www.

bertelsmann-stiftung.de/bst/de/media/CBP_Umfrage_03.pdf [Zugriff am 27.09.2010].

Pringle, J. K., Olsson, S. & Walker, R. W. (2003). *Work/Life Balance for Senior Women Executives: Issues of Inclusion?* Online verfügbar unter: http://www.management.ac.nz/ejrot/cmsconference/2003/proceedings/gender/Pringle.pdf [Zugriff am 23.02.2011].

Prognos AG (2005). *Work-Life-Balance als Motor für wirtschaftliches Wachstum und gesellschaftliche Stabilität.* Online verfügbar unter: http://www.rwth-aachen.de/global/show_document.asp?id=aaaaaaaaaaaaoqnq [Zugriff am 27.9.2010].

Rauen, C. (2008). *Coaching-Tools I.* Bonn: managerSeminare.

Rauen, C. (2009). *Coaching-Tools II.* Bonn: managerSeminare.

Resch, M. & Bamberg, E. (2005). Work-Life-Balance – Ein neuer Blick auf die Vereinbarkeit von Beruf und Privatleben? *Zeitschrift für Arbeits- und Organisationspsychologie, 49* (4), 171–175.

Richter, P. & Hacker, W. (1998). *Belastung und Beanspruchung: Stress, Ermüdung und Burnout im Arbeitsleben.* Heidelberg: Asanger.

Rimann, M. & Udris, I. (1997). Subjektive Arbeitsanalyse: Der Fragebogen SALSA. In O. Strohm (Hrsg.), *Unternehmen arbeitspsychologisch bewerten: ein Mehr-Ebenen-Ansatz unter besonderer Berücksichtigung von Mensch, Technik und Organisation* (S. 281–298). Zürich: vdf.

Riester, B. & Dern, A. (2010) Work-Life Choice bei PricewaterhouseCoopers – Erfolgversprechende Konzepte und Instrumente. In S. Kaiser & M. J. Ringlstetter (Hrsg.), *Work-Life Balance. Erfolgversprechende Konzepte und Instrumente für Extremjobber* (S. 155–164). Berlin: Springer.

Rixgens, P. (2008). Betriebliches Sozialkapital, Arbeitsqualität und Gesundheit der Beschäftigten – Variiert das Bielefelder Sozialkapital-Modell nach beruflicher Position, Alter und Geschlecht? In B. Badura, H. Schröder & C. Vetter (Hrsg.), *Fehlzeiten-Report 2008. Betriebliches Gesundheitsmanagement: Kosten und Nutzen. Zahlen, Daten, Analysen aus allen Branchen der Wirtschaft* (S. 33–42). Heidelberg: Springer.

Rothbard, N. P., Phillips, K. W. & Dumas, T. L. (2005). Managing Multiple Roles: Work-Family Policies and Individuals' Desires for Segmentation. *Organization Science, 16* (3), 243–258.

Rustemeyer, H. &. Buchmann, C. (2010). Erfolgsfaktor Work-Life Balance bei der Unternehmensberatung A. T. Kearney. In S. Kaiser & M. J. Ringlstetter (Hrsg.), *Work-Life Balance. Erfolgversprechende Konzepte und Instrumente für Extremjobber* (S. 165–179). Berlin: Springer.

Saborowski, Y. & Muellerbuchhof, R. (2010). Selbstmanagement-Training als Methode der Kompetenzentwicklung bei Berufseinsteigern – am Beispiel von Auszubildenden technischer Fachrichtung. *Zeitschrift für Arbeits- und Organisationspsychologie, 54* (2), 83–91.

Sachse, R. (1995). *Der psychosomatische Patient in der Praxis: Grundlagen einer effektiven Therapie mit „schwierigen" Klienten.* Stuttgart: Kohlhammer.

Sachse, R. (2009). *Wie ruiniere ich mein Leben – und zwar systematisch.* Stuttgart: Klett-Cotta.

Sackmann, S. A. (2008). Möglichkeiten der Erfassung und Entwicklung von Unternehmenskultur. In B. Badura, H. Schröder & C. Vetter (Hrsg.), *Fehlzeiten-Report 2008. Betriebliches Gesundheitsmanagement: Kosten und Nutzen. Zahlen, Daten, Analysen aus allen Branchen der Wirtschaft* (S. 15–22). Heidelberg: Springer.

Schäfer, A. (2007). Mehr Frust als Lust? *Gehirn und Geist, 2,* 61–66.

Sahm, A. (2000). *Telearbeit bis hin zum virtuellen Unternehmen – Vorteile und Folgen.* Online verfügbar unter: http://www.awb.tu-berlin.de/lv/neue-af/industrie/Forum/Telearbeit/node9.html [Zugriff am 09.08.2010].

Sallis, J. F. & Owen, N. (1999). *Physical activity and behavioral medicine.* Thousands Oaks: Sage.

Salvey, P. & Mayer, J. D. (1990). Emotional intelligence. *Imagination, Cognition and Personality, 9* (3), 185–211.

Schein, E. (1995). *Unternehmenskultur: Ein Handbuch für Führungskräfte.* Frankfurt a. M.: Campus.

Schneider, H., Gerlach I., Juncke, D. & Krieger, J. (2008). *Betriebswirtschaftliche Ziele und Effekte einer familienbewussten Personalpolitik* (Arbeitspapier Nr. 5/2008). Münster: Forschungszentrum Familienbewusste Personalpolitik.

Schneider, H., Gerlach I., Wieners, H. & Heinze, J. (2008). *Der berufundfamilie-Index – ein Instrument zur Messung des betrieblichen Familienbewusstseins* (Arbeitspapier Nr. 4/2008). Münster: Forschungszentrum Familienbewusste Personalpolitik.

Schneider, K. & Schmalt, H. D. (2000). *Motivation* (3. überarbeitete und erw. Aufl.). Stuttgart: Kohlhammer.

Schnelle, J., Brandstätter-Morawietz, V. & Moser, B. (2009). Zielkonflikte zwischen Beruf und Familie. *Personalführung, 2,* 46–54.

Schobert, D. B. (2007). Grundlagen zum Verständnis von Work-Life Balance. In A. S. Esslinger & D. B. Schobert (Hrsg.), *Erfolgreiche Umsetzung von Work-Life Balance in Organisationen. Strategien, Konzepte, Maßnahmen* (S. 19–33). Wiesbaden: DUV.

Schraub, E. M., Stegmaier, R., Sonntag, K. H., Büch, V., Michaelis, B. &. Spellenberg, U. (2008). Bestimmung des ökonomischen Nutzens eines ganzheitlichen Gesundheitsmanagements. In B. Badura, H. Schröder & C. Vetter (Hrsg.), *Fehlzeiten-Report 2008. Betriebliches Gesundheitsmanagement: Kosten und Nutzen. Zahlen, Daten, Analysen aus allen Branchen der Wirtschaft* (S. 101–110). Heidelberg: Springer.

Schulz, A. (2009). *Strategisches Diversitätsmanagement: Unternehmensführung im Zeitalter der kulturellen Vielfalt.* Wiesbaden: Gabler.

Seelig, L. (2009). *Mittwoch um 21 Uhr hätte ich noch ein Zeitfenster.* Online verfügbar unter: http://www.sueddeutsche.de/karriere/work-life-balance-mittwoch-um-uhr-haette-ich-noch-ein-zeitfenster-1.477158. [Zugriff am 13.06.2010]

Seiler, K. (2008). Beschäftigungsfähigkeit als Indikator für unternehmerische Flexibilität. In B. Badura, H. Schröder & C. Vetter (Hrsg.), *Fehlzeiten-Report 2008. Betriebliches Gesundheitsmanagement: Kosten und Nutzen. Zahlen, Daten, Analysen aus allen Branchen der Wirtschaft* (S. 3—13). Heidelberg: Springer.

Seiwert, L. J. (2005). *Die Bären-Strategie. In der Ruhe liegt die Kraft.* München: Heyne.

Seiwert, L. J. (2006). *30 Minuten für deine Work-Life Balance* (5. Aufl.). Wiesbaden: Gabler.

Seiwert, L. J. & Tracy, B. (2002). *Lifetime-Management. Mehr Lebensqualität durch Work-Life-Balance.* Offenbach: Gabal.

Seyle, H. (1936). A syndrome produced by diverse nocuous agents. *Nature, 138,* 32.

Spie, U. & Widdecke, N. (2007). Herausforderungen Employability: Zukunftsfähiges Gesundheitsmanagement am Beispiel der E.ON Ruhrgas AG. In A. S. Esslinger & D. B. Schobert (Hrsg.), *Erfolgreiche Umsetzung von Work-Life Balance in Organisationen. Strategien, Konzepte, Maßnahmen* (S. 269–289). Wiesbaden: DUV.

Steinmann, H. & Schreyögg, G. (2000). *Management.* Wiesbaden: Gabler.

Stock-Homburg, R. (2010). Work-Life Balance Coaching im Topmanagement. In R. Stock-Homburg & B. Wolff (Hrsg.), *Handbuch Strategisches Personalmanagement,* (S. 539–564). Wiesbaden: Gabler.

Stock-Homburg, R. & Bauer, E.-M. (2007). Work-Life-Balance im Topmanagement. *Politik und Zeitgeschichte, 34,* 25–32.

Stock-Homburg, R. & Roederer, J. (2009). Work-Life-Balance von Führungskräften – Modeerscheinung oder Schlüssel zur langfristigen Leistungsfähigkeit? *Personalführung, 2,* 22–32.

Stock-Homburg, R. & Tragelehn, C. (2011). Das Märchen vom Feierabend? Oder: Work-Life-Balance durch gezielte Schnittstellentaktiken erfolgreich managen. *Mittelstand Wissen, 2,* 8–11.

Streich, R. K. (1994). *Managerleben – Im Spannungsfeld von Arbeit, Freizeit und Familie.* München: Beck.

Sutherland, V. J. & Cooper, C. L. (1995). Chief executive lifestyle stress. *Leadership & Organization Development Journal, 16* (7), 18–28.

Szentpétery, V. (2008). *Die gedopte Elite.* Online verfügbar unter: http://www.spiegel.de/ wissenschaft/mensch/0,1518,560804,00.html [Zugriff am 29. 04. 09].

Takeuchi, R., Yun, S. & Tesluk, P. E. (2002). An examination of crossover and spillover effects of spousal and expatriate cross-cultural adjustment on expatriate outcomes. *Journal of Applied Psychology, 87,* 655–666.

Thom, G. (2008). Work-Life-Balance. Die Balance zwischen Berufs- und Privatleben zielorientiert gestalten. In K. Seeger & B. Liman (Hrsg.), *Zielorientierte Unternehmensführung* (S. 231–258). Wiesbaden: Gabler.

Thomas, D. A. & Ely, R. J. (1996). Making Differences Matter. *Harvard Business Review, 74* (5), 79–91.

Trost, A., Jöns, I. & Bungard, W. (1999). *Mitarbeiterbefragung.* Augsburg: WEKA.

Udris, I. & Frese, M. (1998). Belastung und Beanspruchung. In C. Hoyos & D. Frey (Hrsg.), *Arbeits- und Organisationspsychologie* (S. 429–445). Weinheim: Beltz.

Ulich, E. (2007). Von der Work Life Balance zur Life Domain Balance. *Zeitschrift Führung und Organisation, 76* (4), 188–193.

Valcour, M. (2007). Work-Based Resources as Moderators of the Relationship Between Work Hours and Satisfaction With Work-Family Balance. *Journal of Applied Psychology, 92* (6), 1512–1523.

Vedder, G. (2006). Die historische Entwicklung von Diversity Management in den USA und in Deutschland. In G. Krell & H. Wächter (Hrsg.), *Diversity Management* (S. 2–23). München: Rainer Hampp.

von Dippel, A. (2007). *Diversity Management Good Practice Maßnahmen in der Wirtschaft.* Online verfügbar unter: http://www.idm-diversity.org/files/infothek_vdippel_massnahmen. pdf [Zugriff am 14. 9. 2010].

von Kettler, B. (2010). (R)evolution der Arbeit – Warum Work-Life-Balance zum Megathema wird und sich trotzdem verändert. Wic konkrete Handlungsempfehlungen und gezielte Projekte aussehen. In S. Kaiser & M. J. Ringlstetter (Hrsg.), *Work-Life-Balance* (S. 139–153). Berlin: Springer.

von Rosenstiel, L. (2000). Werthaltungen. In W. Sarges (Hrsg.), *Management-Diagnostik* (S. 329–333). Göttingen: Hogrefe.

Wagner-Link, A. (2010). *Verhaltenstraining zur Stressbewältigung.* Stuttgart: Klett-Cotta

Walster, E., Walster, G. W. & Berscheid, E. (1978). *Equity: Theory and research.* Boston: Allyn & Bacon.

Walter, U. &. Münch, E. (2008). Die Bedeutung von Fehlzeitenstatistiken für die Unternehmensdiagnostik. In B. Badura, H. Schröder & C. Vetter (Hrsg.), *Fehlzeiten-Report 2008. Betriebliches Gesundheitsmanagement: Kosten und Nutzen. Zahlen, Daten, Analysen aus allen Branchen der Wirtschaft* (S. 139–154). Heidelberg: Springer.

Warr, P. & Conner, M. (1992). Job competence and cognition. In L. L. Cummings & B. M. Staw (Eds.), *Research in organizational behavior* (Vol. 6, S. 91–127). Greenwich: JAI Press Inc.

Westring, A. F. & Ryan, A. M. (2007). *Personality Traits of Workers and the Work-Family Interface*. Online verfügbar unter: http://wfnetwork.bc.edu/encyclopedia_entry.php?id= 6265&area=All [Zugriff am 16. 10. 2010]

Wiese, B. S. (2007). Work-Life-Balance. In K. K. Moser (Hrsg.), *Wirtschaftspsychologie,* (S. 245–263). Heidelberg: Springer.

Woratschka, R. (2010). *Mehr Alte, höherer Pflegebedarf*. Online verfügbar unter: http://pdf. zeit.de/politik/deutschland/2010–11/pflege-senioren-gesundheitsfuersorge.pdf [Zugriff am 08. 03. 2011].

Zapf, D. &. Semmer, N. K. (2004). Stress und Gesundheit in Organisationen. In H. Schuler, N. Birbaumer & C. F. Graumann (Hrsg.), *Organisationspsychologie – Grundlagen und Personalpsychologie* (Enzyklopädie der Psychologie, Praxisgebiete Wirtschafts-, Organisations- und Arbeitspsychologie, S. 1007–1112). Göttingen: Hogrefe.

Zeit online (09. 07. 2010). *Psychischer Stress macht immer mehr Arbeitnehmer krank*. Online verfügbar unter: http://www.zeit.de/wissen/gesundheit/2010–07/stress-arbeitnehmer-krank [Zugriff am 23. 02. 2011].

Zimolong, B. (1998). *Sicherheit und Gesundheit. Teil I: Die Kontrolle der Risiken* (Studienbrief). Hagen: Fernuniversität-Gesamthochschule.

Praxis der Personalpsychologie

Hrsg. von Heinz Schuler · Rüdiger Hossiep · Martin Kleinmann und Werner Sarges

Band 22: 2010, VII/115 Seiten,
ISBN 978-3-8017-1969-2

Band 23: 2010, 127 Seiten,
ISBN 978-3-8017-2210-4

Band 24: 2011, VI/95 Seiten,
ISBN 978-3-8017-1473-4

Weitere Bände der Reihe:

Scherm/Sarges **360°-Feedback** ISBN 978-3-8017-1483-3 · Rauen **Coaching** ISBN 978-3-8017-2137-4 · Kleinmann **Assessment-Center** ISBN 978-3-8017-1493-2 · Nerdinger **Kundenorientierung** ISBN 978-3-8017-1476-5 · van Dick **Commitment und Identifikation mit Organisationen** ISBN 978-3-8017-1713-1 · Kühlmann **Auslandseinsatz von Mitarbeitern** ISBN 978-3-8017-1495-6 · Rummel/Rainer/Fuchs **Alkohol im Unternehmen** ISBN 978-3-8017-1885-5 van Dick/West **Teamwork, Teamdiagnose, Teamentwicklung** ISBN 978-3-8017-1865-7 · Hossiep/Mühlhaus **Perso-nalauswahl und -entwicklung mit Persönlichkeitstests** ISBN 978-3-8017-1490-1 · Kanning **Soziale Kompetenzen** ISBN 978-3-8017-1775-9 · Becker/Kramarsch **Leistungs- und erfolgsorientierte Vergütung für Führungskräfte** ISBN 978-3-8017-1928-9 · Schmidt/Kleinbeck **Führen mit Zielvereinbarung** ISBN 978-3-8017-1491-8 · Schuler/Gör-lich **Kreativität** ISBN 978-3-8017-2028-5 · Regnet **Konflikt und Kooperation** ISBN 978-3-8017-1737-7 · Nerdinger **Un-ternehmensschädigendes Verhalten erkennen und verhindern** ISBN 978-3-8017-1971-5 · Hossiep/Bittner/Berndt **Mitarbeitergespräche – motivierend, wirksam, nachhaltig** ISBN 978-3-8017-1717-9 · Kals/Ittner **Wirtschaftsme-diation** ISBN 978-3-8017-2016-2 · Lohaus **Leistungsbeurteilung** ISBN 978-3-8017-2090-2 · Krumm/Schmidt-Atzert **Leistungstests im Personalmanagement** ISBN 978-3-8017-2080-3 · Felfe **Mitarbeiterführung** ISBN 978-3-8017-2082-7 · Felser **Personalmarketing** ISBN 978-3-8017-1723-0

Die Reihe zur Fortsetzung bestellen:

Bestellen Sie jetzt die Reihe »Praxis der Personalpsychologie« zur Fortsetzung und Sie erhalten alle Bände automatisch nach Erscheinen zum günstigen Fortsetzungspreis von je € 19,95 / sFr. 29,90.
Sie sparen mehr als 20% gegenüber dem Einzelpreis von € 24,95 / sFr. 37,40.

HOGREFE

Hogrefe Verlag GmbH & Co. KG
Merkelstraße 3 · 37085 Göttingen · Tel.: (0551) 99950-0 · Fax: -111
E-Mail: verlag@hogrefe.de · Internet: www.hogrefe.de